ALESSANDRO MORELLI
MAURIZIO GALIANO
ALBERTO NICO
MONICA VINCENTI
ALESSANDRO MASSARO

INNOVAZIONE COSTO ZERO

Come Rinnovare L'Azienda Grazie Al Credito D'Imposta Per I Progetti Di Ricerca e Sviluppo Risparmiando Su Tasse e Costo Del Lavoro

Titolo

"INNOVAZIONE COSTO ZERO"

Autori

Alessandro Morelli

Maurizio Galiano

Alberto Nico

Monica Vincenti

Alessandro Massaro

Editore

Bruno Editore

Sito internet

http://www.brunoeditore.it

Sommario

Introduzione   pag. 5

Capitolo 1: È davvero possibile innovare a costo zero?   pag. 14

Capitolo 2: Credito d'imposta: come funziona   pag. 36

Capitolo 3: Ricerca e sviluppo nel retail/fashion   pag. 75

Capitolo 4: Ricerca e sviluppo nei trasporti   pag. 99

Capitolo 5: Ricerca e sviluppo nella produzione   pag. 109

Capitolo 6: Ricerca e sviluppo in ambito medico   pag. 120

Capitolo 7: Ricerca e sviluppo nell'agroalimentare   pag. 130

Capitolo 8: Ricerca e sviluppo nei servizi   pag. 135

Conclusione   pag. 141

Introduzione

Se hai deciso di acquistare questo libro sicuramente condividi un pensiero: oggi le aziende che non innovano sono destinate a fallire nel giro di qualche anno, a volte addirittura di qualche mese.

Se sei un imprenditore o un manager d'azienda spesso nel corso degli anni ti sarai trovato a un bivio: la necessità di cambiare, di provare nuove tecnologie, nuovi processi produttivi. E a quel punto ti sei chiesto: "Ma dove li trovo i soldi?".

Se sei un manager ti sarai sentito frustrato quando, convinto di far del bene all'azienda per la quale lavori, hai proposto di sviluppare nuovi modelli operativi e nuovi sistemi ma non ti hanno dato il budget sufficiente.

Se sei un consulente d'azienda, un commercialista, un fiscalista, avrai ascoltato tante volte imprenditori e manager lamentarsi per le troppe tasse e per la mancanza di soldi da investire per rinnovare l'azienda. Quante volte ti hanno chiesto se conoscessi qualche bando per poter accedere a finanziamenti a tassi super agevolati oppure a contributi pubblici a fondo perduto.

Se collabori con una società di consulenza, un system integrator, una software house, ti sarai più volte trovato nella situazione in cui il potenziale cliente ti ha detto più o meno questa frase: "La vostra soluzione è nuova, efficace, proprio quello che ci servirebbe, ma costa troppo per il nostro budget di spesa"; e tu hai dovuto scegliere tra perdere il cliente oppure applicare uno sconto elevato riducendo all'osso il tuo guadagno.

Se ti sei ritrovato in almeno una di queste spiacevoli situazioni, questo libro fa proprio al caso tuo: nelle prossime pagine scoprirai il modo più efficace per poter fare innovazione a costo zero.

Noi, autori di questo manoscritto, abbiamo scoperto una possibilità per innovare a costo zero, ne abbiamo ricavato un metodo che applichiamo ormai da anni nelle tante aziende che si affidano a noi ogni giorno. Grazie agli strumenti che ti faremo conoscere a breve, potrai dare una bella accelerazione alla tua società e/o alle aziende con le quali collabori.

Chi siamo noi per poterti parlare di innovazione e addirittura trasferirti degli strumenti e un metodo per portare il rinnovamento nella tua azienda?

Questo libro nasce dall'incontro di due ragazzi. Uno classe 1975, ingegnere, l'altro classe 1978, laureato in Scienze dell'educazione e della formazione. Entrambi appassionati di tecnologia e innovazione.

Alessandro, dopo essersi laureato a pieni voti in Ingegneria delle telecomunicazioni all'Università "La Sapienza" di Roma, ha dedicato i primi 15 anni della sua vita lavorativa alla consulenza.

È stato tra i primi in Italia a certificarsi su SAP, uno dei migliori software ERP al mondo. ERP è l'acronimo di Enterprise Resource Planning, letteralmente "Pianificazione delle risorse d'impresa". Un ERP è un software di gestione che integra tutti i processi di business rilevanti di un'azienda: vendite, acquisti, produzione, gestione magazzino, distribuzione, contabilità, finanza, gestione risorse umane HR.

Alessandro aiuta le organizzazioni a migliorare i processi interni, a reingegnerizzarli, ottimizzarli e poi implementarli nel sistema SAP.

Dopo molti progetti in svariati settori, dalle telecomunicazioni ai trasporti aerei, dalla produzione di alluminio ai trasporti ferroviari, dalla raffinazione di oli vegetali alla progettazione di impianti industriali, dal turismo alle costruzioni, nel giugno 2014 approda nel retail (vendita al dettaglio) per partecipare al progetto di implementazione del sistema SAP in un grande franchising del fashion.

Da lì a pochi mesi gli viene affidata la direzione dell'ufficio IT (Information Technology) dell'azienda e cioè la responsabilità di tutto l'hardware e il software sia della sede centrale sia dei tanti negozi localizzati in vari Paesi del mondo.

È una sfida innovativa, interessante, avvincente. Ci sono nuovi sistemi e tecnologie da implementare. Ma, ahimè, l'innovazione costa. Ed è risaputo che gli imprenditori non "spendono" soldi a cuor leggero, nonostante si parli di investimento e non di spesa.

E poi bisogna sperare che l'operazione porti un beneficio nel corso del tempo per l'azienda. "Se ci fosse un modo per poter risparmiare sugli investimenti il mio lavoro sarebbe molto più facile", pensava Alessandro.

Maurizio, l'altro ragazzo, comincia a lavorare come tecnico informatico e dopo pochi anni crea una sua software house. Nel 2007, fresco di laurea e spinto anche dal momento di crisi a livello mondiale, decide di cambiare rotta: trasforma l'azienda in un laboratorio di ricerca e comincia a dedicarsi anche lui all'innovazione ma in un modo completamente diverso.

Lui e i suoi 50 collaboratori ogni giorno si occupano di studiare, inventare e sviluppare soluzioni che possano portare benefici concreti e tangibili alle imprese.

Nell'autunno 2015 Maurizio, accompagnato da un amico comune, va a incontrare Alessandro nel suo ufficio. Il manager illustra la sua idea per il rinnovamento dell'azienda, le tecnologie da adottare, i nuovi sistemi da implementare e integrare e Maurizio lo mette al corrente dell'esistenza di una legge che dà diritto a un Credito d'imposta consistente sulle attività di ricerca e sviluppo.

Da quella chiacchierata viene fuori un progetto di successo che ha permesso all'azienda di migliorare tanti processi e attivare nuovi sistemi strategici e di risparmiare, solo nel 2017, un milione e ventunomila euro sotto forma di Credito d'imposta. Hai letto bene: 1.021.000 € risparmiati!

Nel settembre 2018, Alessandro e Maurizio partoriscono l'idea di scrivere questo libro proprio con lo scopo di aiutare tante altre aziende italiane a crescere e a rinnovarsi sia nell'organizzazione sia nella tecnologia.

I due chiedono una mano ad Alberto, oggi avvocato e consulente per la finanza agevolata, che sin dall'inizio ha seguito l'evoluzione della legge sul Credito d'imposta e ha aiutato oltre 30 società a utilizzarla nel modo corretto.

Non manca una figura femminile: Monica, ingegnere edile e ricercatrice, che ha preso parte a 15 differenti progetti di ricerca per imprese appartenenti a diversi settori.

Infine partecipa alla stesura del libro l'ingegner Massaro, esperto scientifico Miur in Ricerca industriale competitiva e per lo sviluppo sociale, appena premiato Top Young Engineer dell'anno dal Consiglio nazionale degli ingegneri.

Ci sembra doveroso, prima di proseguire, ringraziare il nostro amico Marcello che fece incontrare Alessandro e Maurizio quell'autunno di quattro anni fa. Ci disse: "Secondo me potete fare belle cose insieme".

E se siamo arrivati a scrivere addirittura un libro, forse il nostro caro amico non aveva tutti i torti.

Grazie Marcello per aver innescato quella scintilla!

Ecco come è strutturato il libro: nel Capitolo 1 ti diamo gli strumenti per poter fare innovazione a costo zero, sfruttando i benefici della legge relativa al Credito d'imposta sui progetti di ricerca e sviluppo. Nel Capitolo 2 ti illustriamo nel dettaglio la legge sul Credito d'imposta, i suoi tecnicismi e le modalità per tutelare i prodotti dell'attività di ricerca e sviluppo.

Nei Capitoli successivi ti portiamo esempi pratici di progetti di ricerca gestiti da noi in imprese di vari settori (Capp. 3-8), dal retail al fashion ai trasporti, dalla produzione alla meccanica all'agroalimentare, dalla medicina ai servizi.

Infine, nelle Conclusioni, oltre ai saluti e a dirti come possiamo rimanere in contatto, ti riveleremo il bonus che abbiamo riservato per te. Ma, per ottenerlo, abbi prima la pazienza di leggerci per un po'.

Due ultime precisazioni.
1. Per motivi di riservatezza non divulgheremo i nomi delle aziende con le quali abbiamo collaborato.
2. I progetti ai quali faremo riferimento rappresentano solo una piccola parte di quanto è possibile fare attraverso la ricerca scientifica. Sono esempi di applicazione. Ogni azienda ha le

sue peculiarità che vanno studiate *ad hoc*, e quindi ogni attività di ricerca va progettata in maniera unica e specifica.

Capitolo 1:
È davvero possibile innovare a costo zero?

Leggendo il titolo del libro sicuramente tanti lettori, immagino anche tu, si saranno posti una domanda: è davvero possibile innovare a costo zero?

La risposta è: assolutamente sì. A certe condizioni. Attraverso il Credito d'imposta per attività di ricerca e sviluppo.

Prima di scoprire quali sono queste condizioni e capire cos'è e come funziona il Credito d'imposta, è doverosa qualche precisazione.

La prima deriva dal fatto che siamo italiani, scaltri per natura e tante volte abbiamo sentito al telegiornale di furbetti che hanno intascato contributi pubblici, fondi europei, per sviluppare progetti mai realizzati.

Tale condotta, senza voler disquisire riguardo la moralità, configura un reato ben preciso che si chiama truffa ai danni dello Stato. Pertanto, in questo libro, non ti daremo consigli su come prendere in maniera furba fondi pubblici da intascare. Assolutamente no!

Il presente volume è rivolto alle imprese che sanno di dover fare innovazione e molto probabilmente la farebbero anche senza contributi pubblici. Innovare non è più un lusso per le aziende ma una necessità.

Siamo di fronte a un periodo fertile di nuove idee e tecnologie, assolutamente non previsto e classificato come la quarta Rivoluzione Industriale. I media ci bombardano con messaggi che parlano di Internet of Things (IoT), Intelligenza artificiale (AI), Cloud, Big Data, 3D Printing, Realtà virtuale (VR), Realtà aumentata (AR), Disruption, Industria 4.0 ecc.

Il Mondo cambia alla velocità della luce; 25 anni fa non esistevano i telefoni cellulari, oggi lo smartphone è diventato un'estensione del nostro corpo. Alla vigilia dell'anno 2000 si temeva per la fine del mondo e il blocco di tutti i software che prevedevano come ultima data utile il 31-12-1999.

Nel frattempo nasceva la New Economy ma subito, nel 2001, esplose la bolla di internet. Aziende fallite. Soldi persi dagli investitori. Chi l'avrebbe mai detto che la nuova era digitale avrebbe portato a un uso a dir poco massiccio di internet?

Ma per capire dove siamo arrivati e qual è il trend di crescita del digitale, vogliamo condividere con te un'infografica che mostra cosa succede oggi sul web in soli 60 secondi.

Nel 2017:

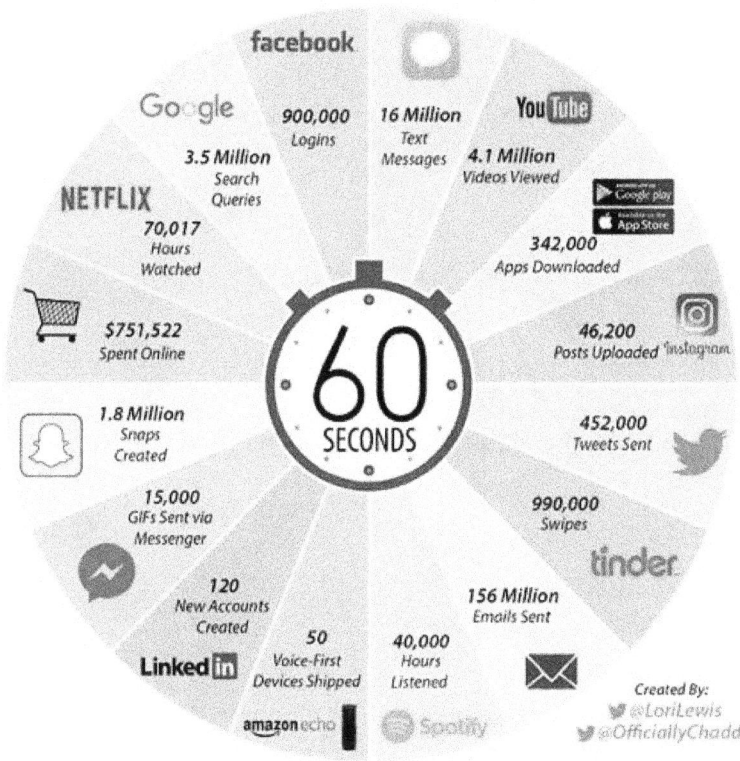

Nel 2018:

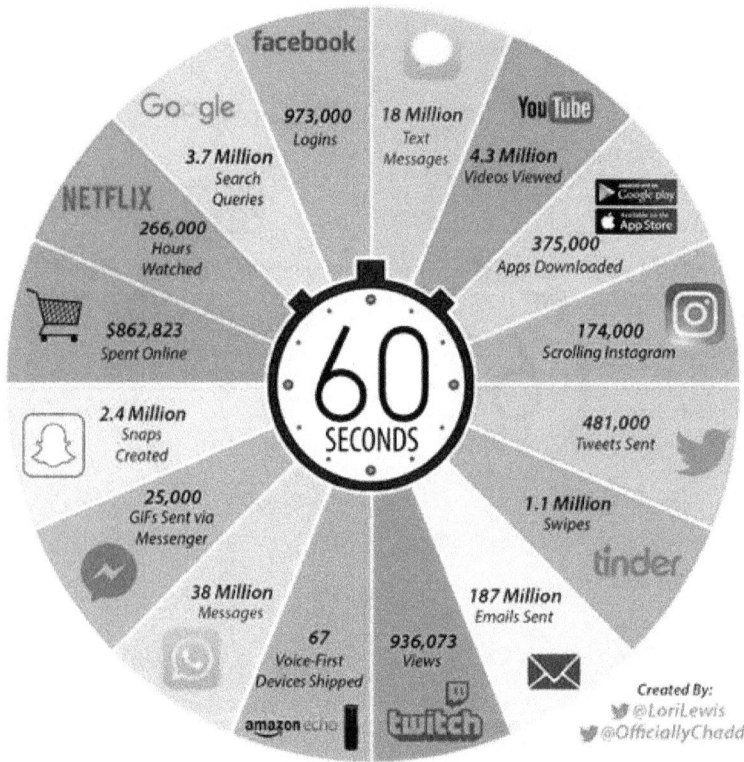

La tabella seguente schematizza i due grafici e ci permette di compararli più agevolmente.

Qualcuno ha l'impressione che gli sms siano meno utilizzati e invece nel 2018 ogni minuto vengono inviati 18 milioni di sms, il 12,5% in più rispetto a un anno prima.

Su Netflix, ogni 60 secondi vengono visualizzate 266.000 ore di video, il 280% in più rispetto al 2017.

Il numero di mail inviate nel 2018 è cresciuto del 20% rispetto al 2017: 187.000.000 al minuto.

Ogni minuto nel 2018 abbiamo speso online 862.000 dollari, il 15% in più rispetto al 2017.

IN 60 SECONDI	2017	2018	%
SMS	16.000.000	18.000.000	+12,5
YouTube: Video visualizzati	4.100.000	4.300.000	+5
App scaricate	342.000	375.000	+10
Instagram: Post	46.200	174.000	+277
Twitter: Tweet	452.000	481.000	+6
Tinder: Swipe	990.000	1.100.000	+11
Email inviate	156.000.000	187.000.000	+20
Dispositivi vocali spediti	50	67	+34
Messenger: GIF inviate	15.000	25.000	+67
Snapchat: Snap	1.800.000	2.400.000	+33
Soldi spesi Online ($)	751.522	862.823	+15
Netflix: ore di visualizzazione	70.017	266.000	+280
Google: Ricerche	3.500.000	3.700.000	+6
Facebook: Login	900.000	973.000	+8
Whatsapp: Messaggi	32.000.000	38.000.000	+18

Tutte le aziende che in qualche modo hanno a che fare, direttamente o indirettamente, con i consumatori finali non possono non considerare quest'ultimo dato. La spesa online cresce del 15% su base annua.

Un dato che rappresenta un cambiamento importantissimo nelle abitudini dei consumatori, e le imprese che vogliono almeno sopravvivere, che vogliono quanto meno giocarsi la partita della competizione, devono adeguare i loro processi e adottare le nuove tecnologie. E devono farlo in fretta.

Questo è il motivo che ci spinge ogni giorno a lavorare fianco a fianco con i manager di tante aziende ed è il motivo che ci ha spinto a scrivere questo libro. Aiutare tante aziende a evolvere, a migliorarsi, a rinnovarsi, a rivedere le modalità con le quali sono presenti sul mercato.

Fortunatamente oggi, in Italia, abbiamo a disposizione un acceleratore che ci dà lo Stato, ovvero il Credito d'imposta.

E qui facciamo la seconda precisazione: in questo momento non entreremo nei dettagli tecnici della legge, dei successivi regolamenti attuativi, delle varie precisazioni e disposizioni dell'Agenzia delle Entrate sul tema. Tutto questo sarà trattato nel prossimo capitolo.

Cerchiamo piuttosto ora di capire il concetto in maniera semplice attraverso un esempio: se la tua azienda decide di fare attività di ricerca e sviluppo e per realizzarla investe un certo capitale, per esempio 200.000 €, ha diritto a ricevere sotto forma di Credito d'imposta il 50% del capitale investito, ovvero 100.000 €.

Ma cos'è il Credito d'imposta e come riceve l'azienda i 100.000 € dell'esempio precedente? Si tratta di un credito che l'impresa vanta nei confronti dell'erario e riduce l'ammontare di debiti o imposte dovute.

Immaginando che l'azienda abbia investito i 200.000 € tra il 1° gennaio e il 31 dicembre del 2018, dal 1° gennaio 2019 avrà a disposizione un credito di 100.000 € che potrà utilizzare (a compensazione) come sconto su qualsiasi pagamento debba fare nei confronti dello Stato (ad esempio versamento Iva, versamento acconto imposte, versamento saldo imposte).

Ritorniamo un attimo alla percentuale che viene riconosciuta come Credito d'imposta: 50%. Come mai parliamo di innovazione a costo zero se il contributo dello Stato è pari al 50%? Dovremmo parlare di innovazione a metà prezzo.

Intanto, considerato che le aziende, come abbiamo detto poco fa, sono obbligate a evolvere per rimanere in vita e stare al passo con i tempi, già un 50% di sconto sugli investimenti non sarebbe male.

Sei d'accordo? Come dice qualcuno "meglio questo, piuttosto che niente". Anche perché molto probabilmente il costo di non evolvere per l'impresa sarà il fallimento.

Vivendo quotidianamente le imprese ci rendiamo conto che spessissimo l'attività di Ricerca industriale è intrapresa internamente all'azienda (la cosiddetta attività "intra-muros") ma in maniera inconscia.

Ci sono dipendenti che studiano il mercato, studiano il prodotto, studiano le nuove tecnologie e gli impatti sui processi aziendali, ma non sono consapevoli che in quel momento stanno facendo ricerca.

Quindi, quando entriamo in una qualsiasi azienda che chiede il nostro intervento per mettere in piedi un progetto di Ricerca e sviluppo, la prima cosa che facciamo è chiedere cosa si sta già facendo internamente all'impresa, cosa si sta studiando.

Molto spesso suggeriamo di agganciare le attività progettuali esternalizzate (le cosiddette attività "extra-muros") proprio agli studi interni. Il nostro intervento servirà ad apportare nuova conoscenza, utilizzando basi scientifiche.

Riprendiamo il nostro esempio e immaginiamo che l'azienda investa 200.000 € in attività "extra-muros" ovvero attività affidate a fornitori esterni e che all'attività di ricerca partecipino anche dipendenti dell'azienda.

Immaginiamo che il costo "intra-muros" delle ore dedicate ad attività scientifiche da parte dei dipendenti qualificati dell'organizzazione ammonti a ulteriori 200.000 € (costo lordo azienda).

In questo caso l'impresa riceverà come Credito d'imposta sia il 50% dei costi "extra-muros", perciò 100.000 €, sia il 50% dei costi "intra-muros", cioè altri 100.000 €. Il Credito d'imposta totale ammonterà quindi a 200.000 €.

In definitiva, quando parliamo di innovazione a costo zero, intendiamo che la somma del Credito d'imposta relativo ai costi "extra-muros" e di quello relativo ai costi "intra-muros" può arrivare a eguagliare il totale investito dall'azienda verso fornitori esterni.

Approfondiamo ancora un po' un aspetto fiscale. I costi per la Ricerca e sviluppo possono essere, a seconda dei casi (è bene deciderlo con il commercialista), spesati subito come costi operativi (Opex) piuttosto che capitalizzati (Capex) e quindi ammortizzati in più anni.

Nel primo caso, l'intero importo speso per attività "extra-muros" diventa deducibile e abbatte l'imponibile fiscale dell'anno. Nel secondo caso la quota deducibile viene spalmata su più anni. Comunque c'è un ulteriore risparmio fiscale.

Fino qui è tutto positivo. Ci sono solo vantaggi. Vero? Ma siamo in Italia e le domande nascono spontanee. Dov'è l'imbroglio? Quali condizioni complicatissime dovrà rispettare l'azienda per poter accedere al Credito d'imposta? I fondi sono limitati e magari già messi da parte per gli amici degli amici?

Anche in questo caso non c'è inganno. Non ci sono condizioni complicate da rispettare e c'è spazio per tutte le imprese che intendono fare investimenti in Ricerca e sviluppo. È vero che col passare del tempo lo Stato mette qualche paletto, ma lo vedremo nel capitolo successivo parlando delle novità apportate dall'ultima legge di bilancio.

Per il momento ti basti sapere due cose. La prima è che l'importo massimo annuo concedibile a ciascuna impresa come Credito d'imposta è di 10 milioni di euro; che significa 20 milioni l'anno di investimenti (extra-muros + intra-muros) in Ricerca e sviluppo. Mi farebbe piacere conoscere aziende che investono più di queste cifre.

La seconda informazione utile da sapere è che l'azienda può scegliere di fare un progetto di ricerca da sola utilizzando lavoratori subordinati piuttosto che fornitori. In alternativa ci si può rivolgere a un ente di ricerca piuttosto che a un'università.

La seconda scelta risulta più vantaggiosa: vediamo perché. Intanto quando parliamo di enti di ricerca, ci riferiamo agli istituti autorizzati dal Miur (Ministero dell'istruzione, dell'università e della ricerca) che troviamo al seguente indirizzo:

https://loginmiur.cineca.it/elencoistituti/front.php/autorizzati.html

Affidarsi a un ente di ricerca o università, ha il vantaggio che i ricercatori sono per definizione e per esperienza avvezzi alla burocrazia, alla metodologia e alla documentazione. In questi anni abbiamo visitato tante aziende di tutte le dimensioni e molto spesso la prassi è "fare senza documentare".

Immaginiamo, sperando di sbagliarci, che succeda così anche nella tua azienda. Non è un peccato mortale (in alcuni casi potrebbe diventarlo). Si fa perché il tempo è sempre tiranno, perché chi è bravo ad "aggiustare" non sempre è altrettanto bravo a scrivere in maniera dettagliata ciò che ha fatto.

Parliamo di programmatori che scrivono righe del codice di un software ma anche di meccanici di altissimo livello che sostituiscono fisicamente un pezzo di un apparato.

Questa cattiva abitudine di non documentare tutte le attività eseguite mette l'azienda a rischio, in quanto la memoria storica risiederà nella testa di chi ha eseguito il lavoro e non sarà patrimonio dell'impresa.

Inoltre, affinché i progetti di ricerca abbiano una valenza per lo Stato, i ricercatori devono documentare in maniera esaustiva e completa tutti i passi delle attività svolte.

L'altra ragione che ci spinge a consigliare di affidarti a un ente di ricerca è puramente fiscale. Infatti, a seguito delle ultime disposizioni dello Stato, se l'impresa si affida a un ente di ricerca su tutti i costi sostenuti, viene riconosciuto un Credito d'imposta del 50%.

Se invece l'azienda decide di fare attività di ricerca "in proprio" su alcuni costi (in particolare quelli extra-muros) il Credito d'imposta riconosciuto è esattamente la metà, cioè il 25%.

C'è un ultimo motivo che rende preferibile incaricare un ente di ricerca ed è forse quello più ovvio: la garanzia della "scientificità" e innovazione. La legge sul Credito d'imposta, a differenza di tante altre, è scritta in italiano semplice e comprensibile e dice proprio che qualsiasi progetto di ricerca e sviluppo ha diritto al Credito d'imposta.

Ma nella nostra organizzazione chi è in grado di stabilire se le attività che si vogliono portare avanti hanno realmente una valenza scientifica? Chi fa il ricercatore di mestiere e ha contatto diretto con la comunità scientifica mondiale, per le competenze e conoscenze che possiede, può apporre il bollino di innovazione ai nostri progetti.

Inoltre, un ricercatore ha probabilmente più sensibilità di noi su quelli che sono i trend del mercato e può guidarci verso aree di ricerca più facilmente percorribili, evitando i vicoli ciechi che talvolta si incontrano nella ricerca scientifica.

Ad ogni modo, ci si muove verso una Ricerca industriale applicata ai diversi casi di studio, ricerca che si basa su approcci e metodologie scientifiche e che conduce a innovare processi e servizi.

Le basi scientifiche servono quindi per formulare soluzioni progettuali che, seguendo le linee guida del "Frascati" (*Frascati manual* 2015), possano espandere la base di conoscenza aziendale. Tale guadagno di conoscenza si acquisisce principalmente seguendo 2 linee principali propedeutiche:

1. Upgrade della tecnologia (digitalizzazione dell'informazione e del sistema informativo aziendale, progettazione e implementazione di applicativi funzionali alla digitalizzazione dell'informazione, tecnologie innovative rispetto allo stato dell'arte tecnologico e scientifico, prototipazione di sistemi di produzione innovativi ecc.) che risulta funzionale all'espansione della base di conoscenza.

2. Improvement (ottimizzazione) della ricerca utilizzando metodologie scientifiche in modo che la ricerca risulti innovativa rispetto allo stato dell'arte.

È importante sottolineare anche un altro aspetto. Nel mondo della ricerca non esiste il "copia e incolla". Ogni progetto è un progetto *ad hoc*, frutto del lavoro di ricercatori che intrecciano le esigenze dell'azienda con tutti gli studi già effettuati sui temi di interesse.

Ogni progetto di ricerca è quindi considerato come un caso di studio, in quanto si riferisce a particolari esigenze e a particolari percorsi di analisi intrapresi nell'azienda. Al termine di ogni progetto si valuterà l'importanza dell'innovazione, in modo da definire eventuali *claims* di un brevetto o altre forme di utilizzo in chiave strategica orientate a un'innovazione di processo, di servizio o di prodotto.

Le specifiche di progetto sono dunque fornite spesso dalla "manovalanza" in quanto, proprio chi opera manualmente nella lavorazione o nella produzione in generale conosce al meglio i processi aziendali attinenti la propria attività.

Il primo passo dunque da effettuare prima di uno studio di pre-fattibilità di un progetto di ricerca è la mappatura dello stato "as is" dei processi aziendali, per poi formulare, in fase esecutiva del progetto, mappature reingegnerizzate ("to be") estratte dai risultati della ricerca scientifica e dell'innovazione tecnologica abbinata a tale ricerca.

Al fine di raggiungere un guadagno di conoscenza, è necessario utilizzare i dati di diversi database ad esempio di applicativi gestionali (ERP, CRM ecc.) che non costituiscono ricerca scientifica, ma che sono necessari e funzionali per il data processing avanzato.

Il data processing di ricerca riguarda l'utilizzo di opportuni flow chart di data flow e di algoritmi di data mining o intelligenza artificiale, che devono essere opportunamente formulati e strutturati in modo da fornire un modello di analisi attinente a uno specifico caso di studio.

Molto spesso l'innovazione scientifica è intrinseca nella metodologia applicata (metodologia di controllo e attuazione, metodologia di analisi o di mappatura dei processi ecc.) e non nella tecnologia in sé, per cui risulta spesso difficile discernere l'upgrade tecnologico da quello scientifico.

Ad ogni modo, l'approccio allo studio e all'analisi del ricercatore è differente da quello seguito da un tecnico anche di alto profilo (ingegnere, economista ecc.) motivo per cui bisognerebbe incominciare a pensare a una figura interna all'azienda con skill di research analyst.

Tale figura deve dunque avere un know-how di diversi anni nella ricerca scientifico-industriale, o aver lavorato in strutture/enti di ricerca riconosciuti dal Miur.

I prototipi (meccanici, elettronici, informatici ecc.) in quanto tali sono sempre da ritenersi innovativi dal punto di vista tecnologico e, se opportunamente integrati in modo sistemico e funzionale, con una logica innovativa di funzionamento, sono da ritenersi innovativi anche dal punto di vista scientifico.

Per onestà intellettuale ci preme sottolineare un altro aspetto importante e a volte difficile da accettare da parte degli imprenditori: proprio per la natura scientifica del progetto di ricerca non è possibile garantirne la buona riuscita.

La ricerca, in quanto tale, è caratterizzata da elementi di criticità che possono essere non superati (o parzialmente superati) durante lo svolgimento delle attività progettuali e quindi impedirci di arrivare ai risultati attesi.

L'imprenditore deve comunque investire nella conoscenza proprio per comprendere tali criticità e per capire fin dove l'azienda si può spingere dal punto di vista tecnologico in modo da essere sempre in prima linea in un mercato concorrenziale.

Dobbiamo altresì ricordare che il nostro obiettivo non è la ricerca teorica, quella che spesso viene eseguita nei laboratori universitari lontani dal tessuto imprenditoriale, ma come già detto prima la ricerca industriale, pratica, fatta da persone interne ed esterne che quotidianamente vivono le imprese.

E, infatti, i progetti che abbiamo seguito direttamente hanno sempre portato risultati concreti e tangibili ai nostri committenti.

RIEPILOGO DEL CAPITOLO 1:

- SEGRETO n. 1: per i progetti di Ricerca e sviluppo, lo Stato riconosce un Credito d'imposta, ovvero uno sconto sulle imposte.

- SEGRETO n. 2: il Credito d'imposta viene riconosciuto sia per le attività "extra-muros" sia per quelle "intra-muros".

- SEGRETO n. 3: il Credito d'imposta viene riconosciuto anche sulle attrezzature.

- SEGRETO n. 4: il Credito d'imposta riconosciuto per i progetti di ricerca e sviluppo va dal 25 al 50%.

- SEGRETO n. 5: l'azienda può attivare un progetto di ricerca autonomamente oppure avvalersi di un ente di ricerca o università. È assolutamente consigliata la seconda possibilità.

Capitolo 2:
Credito d'imposta: come funziona

Nel capitolo precedente abbiamo visto i vantaggi derivanti da un'attività di Ricerca e sviluppo, sia in termini di ricaduta sul business sia in termini di fiscalità.

In questo capitolo andremo ad analizzare in maniera più tecnica il quadro normativo relativo al credito d'imposta per i progetti di Ricerca e sviluppo.

Siamo consapevoli del fatto che, una volta letti i benefici, vorrai approfondire i concetti e per farlo, probabilmente, ti rivolgerai ai tuoi consulenti di fiducia, commercialista e fiscalista. Sappiamo anche che le leggi e i regolamenti in Italia sono tantissimi e nessun consulente può essere aggiornato su tutto.

Per questo abbiamo deciso di darti gli strumenti per poter rispondere tu stesso alla domanda: "dove è previsto?" o "dove è scritto?". Questo capitolo sarà un po' più "faticoso" da leggere per il tecnicismo, ma proprio perché sul tema Credito d'imposta non c'è tanta conoscenza e competenza vogliamo essere esaustivi.

In qualche caso entreremo nei cavilli legali di leggi e circolari per metterti in guardia da eventuali errori che potresti commettere qualora tu volessi mettere in pratica i nostri suggerimenti subito.

Ti faremo capire in dettaglio cosa si intende per Ricerca e sviluppo e quali sono i requisiti per poter usufruire del Credito d'imposta. Ti illustreremo quali sono i costi agevolabili, come si calcola il Credito d'imposta, come si utilizza, quale documentazione l'impresa deve produrre e come si tutelano i diversi prodotti delle attività di ricerca e sviluppo.

1. Il quadro normativo

Il Credito d'imposta per investimenti in Ricerca & Sviluppo trova la sua originaria disciplina normativa nel Decreto-legge del 23 dicembre 2013, n. 145.

Il legislatore tuttavia è intervenuto periodicamente modificando requisiti e modalità di calcolo dell'agevolazione prima con l'art. 1, comma 35 della legge del 23 dicembre 2014, n. 190, successivamente con l'art. 1, commi 15 e 16 della legge dell'11 dicembre 2016, n. 232 e, da ultimo, con l'art. 1, commi da 70-72, della legge n. 145 del 2018.

Fondamentale a riguardo risulta il supporto offerto dalla prassi interpretativa del Ministero dello Sviluppo economico e dell'Agenzia delle Entrate che, attraverso le diverse circolari (n. 5/E del 16 marzo 2016, 13/E del 27 aprile 2017, n. 59990 del 2018 e n. 10/E del 16 maggio 2018) e le innumerevoli risoluzioni, forniscono i necessari chiarimenti al contribuente in ordine alla riconducibilità delle attività per le quali si intende fruire del beneficio tra quelle eleggibili al Credito d'imposta e al calcolo dell'agevolazione.

2. I requisiti per beneficiare dell'agevolazione

Ricostruito il quadro normativo, occorre sin da subito chiarire chi può accedere all'agevolazione.

Il Credito d'imposta è attribuito a tutte le imprese che effettuano investimenti non inferiori a 30.000 € in attività di Ricerca e sviluppo fino al 31 dicembre 2020 senza alcun limite in relazione a forma giuridica, settore produttivo, dimensioni di impresa e regime contabile.

In particolare, con riferimento alle diverse forme giuridiche e alla localizzazione, risultano essere ammissibili anche beneficiari costituiti in forma di consorzi, le reti di imprese (con o senza soggettività giuridica), gli enti non commerciali, le università o altri centri di ricerca, quali soggetti commissionari residenti a cui il committente soggetto non residente ha commissionato la ricerca e sviluppo; le stabili organizzazioni nel territorio dello stato di imprese non residenti.

A seguito della modifica apportata dalla legge n. 232 del 2016, il Credito d'imposta spetta anche a imprese che operino sul territorio nazionale (residenti o stabili organizzazioni) in base a contratti di committenza con imprese estere, università o altri enti e organismi di ricerca localizzati:

- in altri Stati membri dell'Ue;

- negli Stati aderenti all'accordo sullo Spazio economico europeo (Ue, Norvegia, Islanda e Liechtenstein);
- in Paesi che consentono un adeguato scambio di informazioni (Dm 4 settembre 1996 e ss.mm.ii.).

Restano esclusi dall'agevolazione in esame:
- soggetti con reddito di lavoro autonomo (liberi professionisti);
- soggetti sottoposti a procedure concorsuali non finalizzate alla continuazione dell'attività economica;
- imprese che fanno ricerca conto terzi commissionata da imprese residenti;
- enti non commerciali (per attività istituzionale).

3. Ambito di applicazione oggettivo

Cosa si intende per attività di "ricerca e sviluppo"? Il concetto viene definito con i criteri stabiliti nel *Manuale di Frascati* del 2015 dell'Ocse "Guidelines for Collecting and Reporting Data on Research and Experimental Development", richiamato al punto 75 della Comunicazione della Commissione europea "Disciplina degli aiuti di Stato a favore della ricerca, sviluppo e innovazione" (2014/C198/01), fonte giuridica dell'art. 3 del Decreto-legge del

23 dicembre 2013, n. 145.

La medesima Comunicazione definisce pertanto i concetti di Ricerca fondamentale, Ricerca industriale e Sviluppo sperimentale.

In particolare:

a. Ricerca fondamentale: lavori sperimentali o teorici svolti, aventi quale principale attività l'acquisizione di nuove conoscenze su fondamenti di fenomeni e di fatti osservabili, senza che siano previste applicazioni o usi commerciali diretti.

b. Ricerca industriale: ricerca pianificata o indagini critiche miranti ad acquisire nuove conoscenze e capacità, da utilizzare per sviluppare nuovi prodotti, processi o servizi o apportare un notevole miglioramento dei prodotti, processi o servizi esistenti.

Essa comprende la creazione di componenti di sistemi complessi e può includere la costruzione di prototipi in ambiente di laboratorio o in un ambiente dotato di interfacce di simulazione verso sistemi esistenti e la realizzazione di linee pilota, se ciò è necessario ai fini della ricerca industriale, in particolare ai fini della convalida di tecnologie generiche.

c. Sviluppo sperimentale: l'acquisizione, la combinazione, la strutturazione e l'utilizzo delle conoscenze e capacità esistenti di natura scientifica, tecnologica, commerciale e di altro tipo allo scopo di sviluppare prodotti, processi o servizi nuovi o migliorati.

Rientrano in questa definizione anche altre attività destinate alla definizione concettuale, alla pianificazione e alla documentazione concernenti nuovi prodotti, processi o servizi.

Rientrano nello sviluppo sperimentale la costruzione di prototipi, la dimostrazione, la realizzazione di prodotti pilota, test e convalida di prodotti, processi o servizi nuovi o migliorati, effettuati in un ambiente che riproduce le condizioni operative reali laddove l'obiettivo primario è l'apporto di ulteriori miglioramenti tecnici a prodotti, processi e servizi che non sono sostanzialmente definitivi.

Lo sviluppo sperimentale può quindi comprendere lo sviluppo di un prototipo o di un prodotto pilota utilizzabile per scopi commerciali che è necessariamente il prodotto commerciale finale e il cui costo di fabbricazione è troppo elevato per essere utilizzato soltanto a fini di dimostrazione e di convalida.

Lo sviluppo sperimentale non comprende tuttavia le modifiche di routine o le modifiche periodiche apportate a prodotti, linee di produzione, processi di fabbricazione e servizi esistenti e ad altre operazioni in corso, anche quando tali modifiche rappresentino miglioramenti.

Pertanto, nel caso in cui l'attività rientri nel perimetro della Ricerca e sviluppo ai sensi delle fonti sopra citate e delle relative definizioni, la si potrà ricondurre a una delle attività previste dall'art. 3, comma 4 del Decreto-legge o dall'art. 2 del Decreto attuativo che, sostanzialmente, recepiscono integralmente le definizioni poc'anzi riportate.

Non si considerano invece attività di Ricerca e sviluppo, come ha più volte ribadito l'Agenzia delle Entrate nei provvedimenti di prassi, le modifiche ordinarie o periodiche apportate a prodotti, linee di produzione, processi di fabbricazione, servizi esistenti e altre operazioni in corso, anche quando tali modifiche rappresentino miglioramenti.

4. Costi agevolabili

Accertata l'aderenza delle attività svolte o da svolgere al perimetro della Ricerca e sviluppo come sopra delimitato, occorre ora chiederci quali siano i costi agevolabili grazie all'agevolazione.

Il Decreto-legge 145 del 2013 e sue successive modifiche e integrazioni fornisce, all'art. 3, comma 6, lettere a) – d-bis), un'adeguata elencazione delle voci di spesa ammissibili che, ai fini di una maggior chiarezza, vengono di seguito analizzate singolarmente.

Personale impiegato nelle attività di ricerca e sviluppo.
Ai sensi delle lettere a) e a)bis del Decreto-legge sopra richiamato, sono agevolabili le spese relative al "personale dipendente titolare di un rapporto di lavoro subordinato, anche a

tempo determinato", nonché al "personale titolare di un rapporto di lavoro autonomo o comunque diverso dal lavoro subordinato", direttamente impiegato nelle attività di ricerca e sviluppo.

Per personale, quindi, si intende sia il lavoratore subordinato (ad esclusione di quello impiegato con mansioni amministrative, contabili, commerciali nonché i costi del personale impiegato in attività di mero supporto alle attività di ricerca eleggibili), sia il lavoratore autonomo a condizione che svolga la propria attività presso le strutture del beneficiario, sia l'amministratore che, non dipendente dell'impresa, è impiegato nell'attività di ricerca e sviluppo.

Sul punto occorre precisare che risulta agevolabile non solo l'incremento delle spese derivante dall'assunzione di nuovo personale, ma anche quello attribuibile a un maggiore impiego in termini di ore lavorate o derivante da un aumento della retribuzione del personale già in organico presso l'impresa beneficiaria.

L'agevolazione coprirà il costo effettivamente sostenuto per l'effettivo impiego in attività di Ricerca e sviluppo in tutte le sue componenti: retribuzione lorda prima delle imposte, contributi obbligatori, Tfr, premi di produzione.

Spese relative a contratti con università, enti di ricerca e simili, con altre imprese.

Ai sensi della lettera c) del Decreto-legge istitutivo dell'agevolazione, sono agevolabili i contratti stipulati con università, enti di ricerca e organismi equiparati per il diretto svolgimento delle attività di ricerca e sviluppo ammissibili al Credito d'imposta.

Contratti stipulati con imprese residenti rientranti nella definizione di start-up innovative, di cui all'art. 25 del Decreto-legge 18 ottobre 2012, n. 179, e con imprese rientranti nella definizione di Pmi innovative, di cui all'art. 4 del Decreto-legge 24 gennaio 2015, n. 3, per il diretto svolgimento delle attività di Ricerca e sviluppo ammissibili al Credito d'imposta, a condizione, in entrambi i casi, che non si tratti di imprese appartenenti al medesimo gruppo dell'impresa committente, ai sensi di quanto stabilito all'art. 2359 c.c.

La recente modifica operata dalla legge n. 145 del 2018 ha introdotto al medesimo articolo la lettera c-bis) riguardante i contratti stipulati con tutte le imprese diverse da quelle indicate nella precedente lettera c) per il diretto svolgimento delle attività di Ricerca e sviluppo ammissibili al Credito d'imposta, alla medesima condizione che non si tratti di imprese appartenenti allo stesso gruppo ai sensi dell'art. 2359 c.c.

Quote di ammortamento di strumenti e attrezzature di laboratorio.

Ai sensi della lettera b), sono agevolabili le quote di ammortamento delle spese di acquisizione o utilizzazione di strumenti e attrezzature di laboratorio, nei limiti dell'importo risultante dall'applicazione dei coefficienti stabiliti dal Ministero delle Finanze (Decreto 31 dicembre 1988, pubblicato nel supplemento ordinario n. 8 alla Gazzetta Ufficiale n. 27, del 2 febbraio 1989), in relazione alla misura e al periodo di utilizzo per l'attività di Ricerca e sviluppo e comunque con un costo unitario non inferiore a 2.000 euro al netto dell'imposta sul valore aggiunto.

47

Competenze tecniche e privative industriali.

Tra le "competenze tecniche" agevolabili previste dalla lettera d) dell'articolo in esame possono rientrare:

- Spese per l'acquisto di quei beni immateriali, già esistenti sul mercato, per la realizzazione dei quali sono state impiegate competenze tecniche specialistiche che non sono oggetto di "contratto di ricerca extra-muros" di cui all'art. 3, comma 6, lettera c), posto che essi siano finalizzati alla creazione di prodotti, processi o servizi nuovi o sensibilmente migliorati.

- A titolo esemplificativo sono agevolabili le spese sostenute per l'acquisizione di conoscenze e informazioni tecniche, quali ad esempio le spese per le conoscenze tecniche riservate, i risultati di ricerche già effettuate da terzi, i "contratti di know-how", le "licenze di know-how", i software coperti da copyright comunque finalizzati alle attività di Ricerca e sviluppo ammissibili.

- Privative industriali, anche acquisite da fonti esterne, relative a:
    - un'invenzione industriale o biotecnologica;

- una topografia di prodotto a semiconduttori;
- una nuova varietà vegetale.

Sono inoltre ammessi all'agevolazione i modelli di utilità oggetto di brevettazione. Sono invece esclusi dall'agevolazione i marchi, i disegni e modelli oggetto di registrazione.

Materiali e forniture.

Ai sensi della lettera d-bis), anch'essa introdotta a seguito dell'ultimo intervento legislativo, sono agevolabili i costi relativi a materiali, forniture e altri prodotti analoghi direttamente impiegati nelle attività di Ricerca e sviluppo anche per la realizzazione di prototipi o impianti pilota, relativi alle fasi della ricerca industriale e dello sviluppo sperimentale.

Altri costi.

Ulteriori spese ammissibili al Credito d'imposta sono quelle necessarie per la certificazione contabile, documento fondamentale imprescindibile che deve essere a disposizione del beneficiario perché lo stesso possa usufruire del Credito d'imposta.

L'importo massimo dell'agevolazione è di 5.000 euro per ciascun periodo di imposta per il quale si intende fruire del Credito d'imposta. Tali spese di certificazione si aggiungono al Credito d'imposta spettante.

5. Modalità di determinazione del Credito d'imposta

Come si determina il Credito d'imposta spettante al beneficiario? Il legislatore ha stabilito per ogni voce di spesa precedentemente indicata un'aliquota di riferimento sulla cui base calcolare l'importo esatto del Credito d'imposta spettante.

Con la già richiamata legge n. 145 del 2018, il legislatore ha ridotto l'aliquota per la determinazione del credito spettante sugli investimenti agevolabili portandola, per alcune tipologie di spesa, dal 50 al 25% della "spesa incrementale complessiva" (art. 5, comma 2 DM 27/5/2015) intesa come: "differenza positiva tra l'ammontare complessivo delle spese per investimenti in attività di ricerca e sviluppo [...] sostenute nel periodo d'imposta in relazione al quale si intende fruire dell'agevolazione e la media annuale delle medesime spese realizzate nei tre periodi d'imposta precedenti a quello in corso al 31 dicembre 2015".

Con il medesimo intervento è stato inoltre ridotta l'importo annuale massimo del Credito d'imposta spettante al singolo beneficiario portandolo da 20 a 10 milioni di euro.

Pertanto, a seguito dell'intervento e ai fini di una maggior chiarezza, si riporta la seguente tabella con l'indicazione delle aliquote per ogni tipologia di spesa e dell'importo massimo del Credito d'imposta annuo spettante per ogni beneficiario.

Tipologia di spesa	Aliquota	Misura massima del credito d'imposta annua per ogni beneficiario
Personale dipendente titolare di un rapporto di lavoro subordinato direttamente impiegato nelle attività di ricerca e sviluppo.	50%	10 milioni di euro
Personale titolare di un rapporto di lavoro autonomo o diverso dal lavoro subordinato direttamente impiegato nelle attività di ricerca e sviluppo.	25%	
Contratti di ricerca stipulati con Università, enti di ricerca e organismi equiparati, start-up e PMI Innovative.	50%	
Quote di ammortamento e attrezzature di laboratorio.	25%	
Contratti stipulati con tutte le altre imprese, diverse dalle start-up e PMI Innovative, per il diretto svolgimento delle attività di ricerca e sviluppo ammissibili al credito d'imposta.	25%	
Privative industriali	25%	
Materiali e forniture	25%	

6. Modalità di fruizione del credito d'imposta e obblighi documentali

L'impresa beneficiaria come fruisce dell'agevolazione? Il legislatore, al comma 8 dell'art. 3 del Decreto-legge, stabilisce che "Il Credito d'imposta deve essere indicato nella relativa dichiarazione dei redditi […] ed è utilizzabile esclusivamente in compensazione […] a decorrere dal periodo d'imposta successivo a quello in cui sono stati sostenuti i costi" precedentemente indicati.

Pertanto, ai fini della fruizione dell'agevolazione in esame, l'accesso avviene automaticamente in fase di redazione di bilancio, indicando le spese sostenute nella dichiarazione dei redditi, nel quadro RU del Modello Unico del beneficiario.

Sul punto occorre ricordare che il legislatore ha previsto obblighi documentali a carico dell'impresa al cui adempimento è subordinato il riconoscimento del Credito d'imposta.

Tali obblighi sono stati precisati in maniera ancora più dettagliata a seguito dell'ultima modifica operata dal legislatore, dal 2019, stabilendo che la fruizione dell'agevolazione è espressamente subordinata all'avvenuto adempimento dei previsti obblighi di certificazione contabile stabiliti nel comma 11 dell'articolo.

Il legislatore, infatti, ai sensi del suddetto comma, richiede che, ai fini del riconoscimento del Credito d'imposta, l'effettivo sostenimento delle spese ammissibili e la corrispondenza delle stesse alla documentazione contabile predisposta dall'impresa debbano risultare da apposita certificazione rilasciata dal soggetto incaricato della revisione legale dei conti, a prescindere dal fatto che l'impresa sia obbligata o meno ad avere un organo di controllo o un revisore ai sensi dell'art. 2477 c.c.

Ulteriore aspetto meritevole di considerazione attiene agli obblighi documentali a cui l'impresa è soggetta, anche in vista dei possibili controlli successivamente all'utilizzo del Credito d'imposta.

Sul punto, la seconda parte del comma 5 dell'art. 7 del decreto attuativo, alle lettere da a) a c), indica, in via orientativa e non esaustiva, la documentazione a supporto da conservare in relazione alle diverse tipologie di costi eleggibili, di cui si sottolinea di seguito che:

- Per quanto concerne le spese relative al personale, i fogli di presenza nominativi riportanti per ciascun giorno le ore impiegate nell'attività di Ricerca e sviluppo, firmati dal legale rappresentante dell'impresa beneficiaria, ovvero dal responsabile dell'attività di R&S, con riferimento ai costi del personale di cui alla lett. a) del comma 1 dell'art. 4 del Decreto.

- Per quanto riguarda la documentazione relativa ai costi per "strumenti e attrezzature di laboratorio" la dichiarazione del legale rappresentante dell'impresa, ovvero del responsabile dell'attività di R&S, relativa alla misura e al periodo in cui gli stessi sono stati utilizzati per l'attività medesima, con riferimento agli strumenti e alle attrezzature di laboratorio di cui all'art. 4, comma 1, lett. b) del Decreto.

- Quanto alla documentazione a supporto dei costi relativi alla cosiddetta ricerca "extra-muros" i contratti e una relazione sottoscritta dal legale rappresentante dell'impresa, ovvero dal responsabile dell'attività di R&S sulle attività svolte nel periodo d'imposta, a cui il costo sostenuto si riferisce in relazione ai contratti di ricerca stipulati con università, enti di ricerca e organismi equiparati e con altre imprese, comprese le start-up innovative, di cui all'art. 4, comma 1, lett. c) del Decreto.

A ciò si aggiunga quanto disposto dal comma 11-bis del Decreto-legge, anch'esso introdotto a seguito dell'ultima modifica normativa sopra indicata, che ha stabilito che le imprese beneficiarie del Credito d'imposta sono tenute a redigere e conservare una relazione tecnica che illustri le finalità, i contenuti e i risultati delle attività di Ricerca e sviluppo, svolte in ciascun periodo d'imposta, in relazione ai progetti o ai sottoprogetti in corso di realizzazione.

7. Cumulabilità con altre agevolazioni

Con comunicato stampa del 25 gennaio 2017, l'Agenzia delle Entrate è ritornata su un tema sul quale si era già espressa nella circolare del 2016: la cumulabilità dell'incentivo con ulteriori contributi pubblici.

Con il comunicato, l'Amministrazione finanziaria ribadisce la cumulabilità del Credito d'imposta con gli ulteriori contributi europei a disposizione per gli stessi investimenti.

La cumulabilità pertanto sarà sempre disponibile tranne nei casi in cui le norme relative alle altre misure non dispongano diversamente.

Pertanto, già il citato documento di prassi indicava che, nel calcolo dell'agevolazione spettante ai fini del Credito d'imposta, l'unico limite, come si diceva, è dato dal fatto che il beneficio risultante dal cumulo non sia superiore ai costi sostenuti.

Inoltre, a livello nazionale, il Credito d'imposta Ricerca e sviluppo è cumulabile con le agevolazioni previste dalle seguenti ulteriori misure:

- Superammortamento e iperammortamento
- Nuova Sabatini
- Patent Box
- Incentivi agli investimenti in Start up e Pmi innovative
- Fondo centrale di garanzia

Pertanto, a fronte delle diverse agevolazioni a disposizione dell'impresa, che intende portare avanti un progetto di Ricerca e sviluppo, risulta evidente come, cumulando i diversi incentivi, sia davvero possibile riuscire a innovare a costo zero.

8. La tutela dei prodotti della ricerca

Qualsiasi attività di Ricerca e sviluppo condotta dall'impresa che porti a un'attività inventiva necessita di protezione giuridica. Si parla in tali casi di tutela della proprietà intellettuale. Essa, ai sensi dell'art. 1 del Decreto legislativo n. 30, del 10 febbraio 2005, comprende "marchi ed altri segni distintivi, indicazioni geografiche, denominazioni di origine, disegni e modelli, invenzioni, modelli di utilità, topografie dei prodotti a semiconduttori e nuove varietà vegetali".

A livello normativo, la relativa disciplina la ritroviamo principalmente nel già citato Decreto legislativo n. 30, del 10 febbraio 2005 (di seguito Codice della proprietà industriale o Cpi) e nella legge n. 633 del 1941 (di seguito Legge sul diritto d'autore).

Quali sono gli strumenti di tutela azionabili dall'autore/inventore? Sebbene l'idea in sé non possa essere protetta in quanto tale, la sua realizzazione può essere tutelata:

- da una registrazione del marchio, se la materializzazione dell'idea è un segno per identificare prodotti o servizi da offrire alla clientela;
- da un brevetto, se la materializzazione dell'idea è una innovazione tecnica;
- da una registrazione di disegni e modelli, se la materializzazione dell'idea è una grafica o una forma di prodotto nuova e attraente;
- dal diritto d'autore, nel caso di un'opera artistica o di un software.

In questo capitolo ci soffermeremo brevemente sulla tutela offerta dal brevetto, in caso di innovazione tecnologica, e da quella offerta dal diritto d'autore, per quanto riguarda il software.

Un brevetto è un diritto di esclusiva grazie al quale un'invenzione tecnologica viene tutelata, per un periodo di tempo limitato, conferendo al suo titolare il diritto di proibire ad altri l'utilizzo a scopo commerciale dell'invenzione per tutta la durata della tutela nel territorio in cui è essa è protetta.

Esso quindi vigila e valorizza un'innovazione tecnica, ovvero un prodotto o un processo che fornisce una nuova soluzione a un determinato problema tecnico.

Attraverso il brevetto, quindi, è conferito al suo titolare, oltre al diritto morale di essere riconosciuto come autore, diritto non cedibile né trasmissibile, anche diritti di natura economica consistenti nel monopolio temporaneo di sfruttamento sull'oggetto del brevetto stesso, nel diritto esclusivo di realizzarlo, di disporne e di farne un uso commerciale.

In particolare, il brevetto conferisce al titolare:

• nel caso in cui l'oggetto del brevetto sia un prodotto, il diritto di vietare ai terzi, salvo consenso del titolare, di produrre, usare, mettere in commercio, vendere o importare a tali fini il prodotto in questione.

• Nel caso in cui l'oggetto del brevetto sia un procedimento, il diritto di vietare ai terzi, salvo consenso del titolare, di applicare il procedimento, nonché di usare, mettere in commercio, vendere o importare a tali fini il prodotto direttamente ottenuto con il procedimento in questione.

Il brevetto è un formidabile strumento commerciale per le imprese e consente loro:

- di proteggere i propri investimenti in ricerca e innovazione, evitando che altri utilizzino gratuitamente il frutto di tali attività;
- di acquisire risorse economiche supplementari attraverso la gestione economica dei suoi diritti di uso.

Occorre chiedersi cosa è possibile brevettare. Possono costituire oggetto di brevetto, ai sensi dell'art. 45 Cpi, le invenzioni, lecite, nuove, che implicano un'attività inventiva e sono atte ad avere un'applicazione industriale.

Tali caratteristiche, necessarie per la brevettabilità dell'invenzione, sebbene a prima vista possano apparire di chiara comprensione, necessitano di ulteriori specifiche fornite, da un lato, dal legislatore negli artt. 46-50 Cpi; dall'altro, dalla giurisprudenza di merito e di legittimità nel corso degli ultimi dieci anni.

Il legislatore sul punto afferma che, per essere brevettabile, l'invenzione deve avere le seguenti caratteristiche:

- Novità: un'invenzione, ai sensi dell'art. 46 Cpi, è considerata nuova se non è compresa nello stato della tecnica, costituito da tutto ciò che è stato reso accessibile al pubblico nel territorio dello Stato o all'estero prima della data del deposito della domanda di brevetto.

- Implicante attività inventiva: un'invenzione, ai sensi dell'art. 48 Cpi, è considerata come implicante un'attività inventiva se, per una persona esperta del ramo, essa non risulta in modo evidente dallo stato della tecnica.

- Industrialità: un'invenzione, ai sensi dell'art. 49 Cpi, è considerata atta ad avere un'applicazione industriale se il suo oggetto può essere fabbricato o utilizzato in qualsiasi genere di industria, compresa quella agricola.

- Liceità: un'invenzione, ai sensi dell'art. 50 Cpi, è considerata lecita quando non è contraria all'ordine pubblico e al buon costume.

In quest'ottica, quindi, non sono invece considerate invenzioni e, quindi, non sono brevettabili, le semplici intuizioni oppure le idee prive di qualsiasi attuazione concreta.

Ad esempio: la pura dimostrazione che l'idrogeno è una fonte di energia è una scoperta non brevettabile, mentre l'applicazione di tale scoperta al fine della creazione di un motore che produca energia utilizzando l'idrogeno è, viceversa, brevettabile.

Gli stessi principi valgono per i modelli di utilità intesi, ai sensi dell'art. 82 Cpi, come "i nuovi modelli atti a conferire particolare efficacia o comodità di applicazione o di impiego a macchine, o parti di esse, strumenti, utensili od oggetti di uso in genere, quali i nuovi modelli consistenti in particolari conformazioni, disposizioni, configurazioni o combinazioni di parti".

La tutela di un modello di utilità può quindi essere ottenuta per una nuova forma tecnica di un prodotto industriale che conferisce particolare efficacia o comodità di applicazione o di impiego al prodotto stesso.

In altri termini, consiste in un miglioramento innovativo della conformazione tecnica di un prodotto esistente. Un tipico modello di utilità può essere, ad esempio, una nuova impugnatura più ergonomica per un oggetto già esistente.

Non sono inoltre considerate invenzioni:
· le scoperte, le teorie scientifiche e i metodi matematici;
· i metodi per il trattamento chirurgico, terapeutico o di diagnosi del corpo umano o animale (pur essendo brevettabili i prodotti, le sostanze o le miscele di sostanze per l'attuazione di tali metodi);
· i piani, i principi e i metodi per attività intellettuale, per gioco o per attività commerciali;
· i programmi per elaboratori (software), protetti in Italia dal diritto d'autore;
· le presentazioni di informazioni;

- le razze animali e i procedimenti essenzialmente biologici per l'ottenimento delle stesse, a meno che non si tratti di procedimenti microbiologici o di prodotti ottenuti mediante questi procedimenti.

È altresì evidente che non possono essere oggetto di protezione da brevetto:

- le creazioni estetiche;
- schemi, regole e metodi per compiere atti intellettuali;
- la scoperta di sostanze disponibili in natura;
- le invenzioni contrarie all'ordine pubblico e al buon costume, alla tutela della salute, dell'ambiente, e della vita delle persone e degli animali; alla preservazione della biodiversità e alla prevenzione di gravi danni ambientali.

In tutti i suddetti casi, una domanda di brevetto verrebbe respinta dall'ufficio competente.

Un brevetto è valido ed efficace solamente nei Paesi in cui è stato depositato e concesso. Dopo aver depositato una domanda di brevetto in un Paese, se si è interessati a estenderne la tutela anche in altri Paesi, sarà necessario ricorrere a una delle seguenti procedure:

- depositare la domanda presso i singoli Paesi esteri;
- depositare la domanda a livello internazionale presso la World Intellectual Property Organization (Wipo);
- depositare la domanda a livello europeo presso l'European Patent Office (Epo).

Il diritto al brevetto spetta all'autore dell'invenzione o del modello o ai suoi aventi causa.

Occorre precisare che in alcuni casi l'autore dell'invenzione e il titolare dei diritti sull'invenzione non coincidono. In particolare, quando l'invenzione è fatta nell'esecuzione o nell'adempimento di un contratto o di un rapporto di lavoro o di impiego, in cui l'attività inventiva è prevista come oggetto del rapporto, e a tale scopo retribuita, titolare del diritto di brevetto è il datore di lavoro, mentre all'autore del trovato è riservato il diritto di esserne riconosciuto autore.

I brevetti per invenzione sono protetti da un utilizzo non autorizzato da parte di terzi per un periodo di 20 anni (10 anni per i modelli di utilità) a partire dalla data di deposito degli stessi. Ciò a condizione che i diritti di mantenimento in vita siano puntualmente pagati e, durante tale periodo, non venga accolta nessuna richiesta di invalidità o di revoca.

Nel medesimo periodo, il titolare del brevetto o della privativa può attivare tutte le azioni in tutela dei propri diritti esclusivi. Ma se questo si riferisce alla vita legale di un brevetto, la vita commerciale o economica dello stesso prevede la possibilità di concessione di licenze, di vendita e altre modalità di sfruttamento, che il titolare dei diritti deve regolarmente notificare.

Come pure, se la tecnologia coperta diventa obsoleta, se non può essere commercializzata o se il prodotto su cui si basa non riscontra successo nel mercato, il titolare del brevetto può decidere di non rinnovarlo, lasciando che esso perda validità prima della scadenza del termine di protezione e rendendo il trovato libero da vincoli di produzione e di commercializzazione da parte di terzi.

Un breve richiamo merita anche la disciplina della tutela del diritto d'autore. Quanto fin qui detto, infatti, non rileva per i software, protetti dalla normativa in tema di diritto di autore.

Come stabilito dal Decreto legislativo del 29 Dicembre 1992 n. 518, che ha attuato la Direttiva europea 91/250/CEE, l'art. 2 della legge sul diritto d'autore include nell'elenco delle opere protette:

"i programmi per elaboratore, in qualsiasi forma espressi purché originali quale risultato di creazione intellettuale dell'autore.

Restano esclusi dalla tutela accordata dalla presente legge le idee e i principi che stanno alla base di qualsiasi elemento di un programma, compresi quelli alla base delle sue interfacce.

Il termine programma comprende anche il materiale preparatorio per la progettazione del programma stesso".

La legge sul diritto d'autore protegge quindi i programmi considerandoli sostanzialmente dei testi letterari.

I diritti che si acquisiscono a seguito della registrazione, come per le invenzioni brevettabili, sono di due tipi: i diritti morali e i diritti economici.

1. Il diritto morale consiste nel diritto di essere riconosciuto autore di un programma e si tratta di un diritto che non può essere ceduto o trasferito.

2. I diritti economici consistono invece nella facoltà di poter utilizzare in esclusiva un software e possono essere ceduti dietro compenso o gratuitamente.

Ai sensi dell'art. 64-bis della Legge sul diritto di autore, il titolare di un programma per elaboratore ha il diritto esclusivo di effettuare o autorizzare:

1. La riproduzione permanente o temporanea, totale o parziale, del programma per elaboratore con qualsiasi mezzo o in qualsiasi forma.

2. La modifica e la trasformazione del programma per

elaboratore, oltre all'adattamento e alla traduzione.

3. La distribuzione in qualsiasi forma al pubblico, compresa la locazione, del programma per elaboratore originale o di copie dello stesso.

La tutela del software avviene attraverso il deposito di apposita domanda, corredata da una copia del software stesso, presso il Pubblico registro software tenuto all'interno della Siae.

Il diritto d'autore sul programma, al pari delle altre opere protette dalla legge sul diritto d'autore, dura per tutta la vita dell'autore e per 70 anni dopo la sua morte.

A fronte di tutto quanto fin qui affermato in tema di protezione dell'attività inventiva dell'autore/inventore, sia essa brevettabile o soggetta alla tutela della Legge sul diritto d'autore, le imprese, al fine di usufruire in modo efficace di tali strumenti, dovrebbero, *in primis*, proteggere adeguatamente i propri diritti, monitorarli costantemente e custodirli attivando i relativi servizi di sorveglianza.

Una corretta gestione del portafoglio dei diritti di proprietà industriale di un'impresa implica il perseguimento di un'adeguata strategia di protezione di tali diritti.

Di seguito sono indicate alcune regole di massima che un'impresa dovrebbe seguire a tal proposito:

-   Effettuare, a intervalli regolari, un'approfondita analisi dei propri diritti immateriali, dello stato della loro protezione e del loro valore economico; ciò, oltre a consentire di reagire tempestivamente a eventuali "falle" nel sistema di protezione, agevolerà le imprese in tutte le negoziazioni da esse condotte (licenze, merchandising, franchising ecc.) che necessitano di chiare informazioni sulla titolarità dei suddetti diritti.

-   Valutare in quali casi sia realmente necessario procedere alla registrazione; in assenza di interesse a sfruttare un determinato diritto, non è ovviamente necessario incrementarne il livello della protezione.

-   Decidere come e fin dove proteggere i diritti; nel caso del deposito di un marchio o di un brevetto sarà necessario valutare se agire in Italia o anche in altri Paesi esteri, oppure procedere direttamente a una domanda di brevetto o registrazione di marchio a livello europeo o internazionale (fermo restando, in quest'ultimo caso, l'onere di aver già proceduto alla registrazione nazionale o, almeno, al deposito della domanda di registrazione nazionale).

- Attivare servizi di sorveglianza al fine di verificare in tempo reale ed eventualmente reagire a depositi di privative industriali interferenti con i diritti acquisiti.

- Attivare eventuali servizi di investigazione allo scopo di sondare il mercato e consentire alle imprese di reagire tempestivamente a qualsiasi violazione dei propri diritti.

- Utilizzare strumenti, materiali e tecniche che rendano più difficile la contraffazione.

- Cercare – in caso di violazioni dei suddetti diritti – di acquisire elementi utili ai fini della prova (quali esemplari dei prodotti contraffatti, schermate dei siti web in cui sono offerti ecc.).

RIEPILOGO DEL CAPITOLO 2:

- SEGRETO n. 1: la disciplina normativa del Credito d'imposta la troviamo nel Decreto-legge n. 145 del 2013 e sue successive modifiche e integrazioni.

- SEGRETO n. 2: il Credito d'imposta si applica a imprese di ogni settore di attività, forma giuridica per progetti di ricerca e sviluppo di importo complessivo minimo pari ad almeno 30.000 euro.

- SEGRETO n. 3: con il Credito d'imposta puoi usufruire di un'agevolazione massima pari al 50% delle spese sostenute.

- SEGRETO n. 4: il Credito d'imposta Ricerca e sviluppo è cumulabile con ulteriori contributi e incentivi.

- SEGRETO n. 5: il progetto di ricerca si può fare da soli o con un istituto di ricerca o università. A seguito dell'ultima modifica, dal 2019, nel primo caso l'agevolazione sarà pari al 25%, nel secondo caso al 50%.

- SEGRETO n. 6: cumulando i diversi incentivi è davvero possibile riuscire a innovare a costo zero.

- SEGRETO n. 7: attraverso la tutela della proprietà industriale e intellettuale puoi generare ulteriori profitti.

Capitolo 3:
Ricerca e sviluppo nel retail/fashion

A partire da questo capitolo, porteremo esempi di progetti di ricerca e sviluppo seguiti da noi in prima persona. In ogni capitolo faremo riferimento a un settore in particolare. Come dicevamo già nell'introduzione si tratta di esempi non esaustivi e soprattutto specifici dell'azienda che ce li ha commissionati.

Servono però per darti un'idea di cosa si può fare nella pratica, al di là del beneficio relativo al Credito d'imposta.

In questa sezione in particolare parleremo di retail, ovvero di vendita al dettaglio, e di fashion. Un settore che ci sta particolarmente a cuore non solo perché, come già detto, Alessandro e Maurizio si sono conosciuti in questo mondo, ma anche perché è un campo molto competitivo e ricettivo verso le novità.

Intanto sono anni ormai che il mondo del retail viene messo in discussione. Da quando ha cominciato a prendere piede il commercio elettronico, poi con la nascita e lo sviluppo incredibile di Amazon, ci si è chiesti se i punti vendita fisici (*brick and mortar* per dirla all'americana) hanno ancora senso.

Sono stati effettuati una serie di studi che cercavano di predire la morte dei negozi su strada. Gli ultimi studi ci dicono che non ci sarà alcun funerale da celebrare a breve, anzi, addirittura Amazon sta aprendo dei negozi fisici.

È vero però che l'e-commerce ha portato una "disruption", un cambiamento epocale, nelle abitudini dei consumatori e qualsiasi azienda B2C (*business to consumer*, ovvero che vende direttamente al cliente finale) deve fare i conti con i cambiamenti del mercato.

Inoltre, nel mercato *retail/fashion* si vive molto la concorrenza e ogni impresa tende sempre a sfornare novità per attirare più consumatori e sottrarli ai competitor. Visto che la concorrenza non si può fare sempre sul prezzo (e comunque quel tipo di concorrenza fa male alle imprese in quanto riduce i margini) ogni azienda prova a offrire ai suoi clienti qualcosa di nuovo che ultimamente va sempre più verso l'esperienza.

Si parla tanto di *customer experience, shopping experience, customer journey*, ovvero dell'esperienza di acquisto che il brand vuole far vivere al suo consumatore. E spesso questa esperienza, in negozio o sul sito, passa da innovazioni tecnologiche.

Per quanto riguarda la ricerca industriale, gli aspetti da seguire in ambito retail e fashion sono:
- L'upgrade della base di conoscenza, generando opportuni big data system in grado di contenere quantità massive di dati (upgrade tecnologico).

- L'applicazione di algoritmi innovativi che, processando i dati digitalizzati e provenienti da più fonti, possa fornire analisi avanzate di business intelligence e di strategic marketing (A. Massaro, V. Vitti, A. Galiano, and A. Morelli "Business Intelligence Improved by Data Mining Algorithms and Big Data Systems: an Overview of Different Tools Applied in Industrial Research," in *Computer*

Science and Information Technology, vol. 7, n. 1, pp. 1-21, 2019).

- La ricerca di base di tipo multidisciplinare (ad esempio applicando metodologie di micro e macro marketing, approcci scientifici di analisi dati e di data processing, utilizzo di tecnologie hardware e software opportunamente integrate, modelli teorici di algoritmi di efficientamento della logistica e delle scorte di magazzino, visual merchandising, modelli di giurisprudenza ecc.).

Come spesso accade, gli interventi di upgrade tecnologico da effettuare riguardano l'integrazione di sistemi hardware e software in reti informatiche già esistenti.

Ciò porta a progettare un'integrazione di sistema (system integration) tale da poter utilizzare ogni tipo di informazione in formato digitale, anche se questo tipo di informazione è strutturato in modo differente in base alla tecnologia di origine.

Per tale motivo, è di rilevante importanza risolvere i potenziali conflitti di hardware o software basati su processi di reingegnerizzazione del sistema informativo o della rete (cfr.

Frascati, 2015).

Tale aspetto diviene di particolare importanza nel momento in cui nasce l'esigenza di integrare un sistema big data a una rete informatica esistente in cui viaggiano dati in formato differente.

Prima di descrivere il contenuto di un progetto di ricerca realizzato da noi per una casa di moda italiana, vogliamo ricordare che il settore è stato oggetto di interventi espliciti da parte del Ministero dello Sviluppo economico e dell'Agenzia delle Entrate, volti a definire i limiti dell'applicabilità della disciplina agevolativa e le spese ammissibili al beneficio.

Con comunicato Mise del 29 settembre 2017, il ministero conferma che le indicazioni dallo stesso fornite nella precedente circolare n. 46586 del 16 aprile 2009, in vigenza della precedente disciplina agevolativa valida fino al 2009, possono considerarsi valide anche agli effetti dell'odierna disciplina agevolativa, come peraltro già chiarito con circolare dell'Agenzia delle Entrate n. 5/E del 2016.

Pertanto, tra le attività di ricerca e sviluppo ammissibili al nuovo

Credito d'imposta possono rientrare anche quelle poste in essere dalle imprese operanti nel settore del tessile e della moda collegate all'ideazione e realizzazione dei nuovi campionari, evidentemente non destinati alla vendita.

Tuttavia, occorre chiarire i precisi limiti dell'attività ammissibile a beneficio alla luce della previsione normativa recata dal comma 5 dell'art. 3 del Decreto-legge 23 dicembre 2013, n. 145 che esclude espressamente dalle attività ammissibili "le modifiche ordinarie o periodiche apportate a prodotti, linee di produzione, processi di fabbricazione, servizi esistenti e altre operazioni in corso anche quando tali modifiche rappresentino miglioramenti" e, dall'altro, la precisa delimitazione delle fasi delle attività di Ricerca e sviluppo ammissibili, rispetto alle fasi concernenti le ordinarie attività industriali e commerciali caratteristiche del settore.

Al riguardo, appare opportuno ricordare che, nei settori in questione possono considerarsi rilevanti, quali attività di ricerca industriale e sviluppo pre-competitivo, l'insieme dei lavori organizzati dall'impresa ai fini dell'elaborazione e della creazione di nuove collezioni di prodotti.

Più in particolare, è nelle fasi della ricerca e ideazione estetica e nella conseguente realizzazione dei prototipi dei nuovi prodotti che può astrattamente individuarsi "quel segmento di attività diretta alla realizzazione del prodotto nuovo o migliorato, al quale collegare l'agevolazione che premia lo sforzo innovativo dell'imprenditore".

Tale processo di creazione di prodotti nuovi o migliorati potrà in concreto apprezzarsi, a seconda dei casi e in conformità alle prassi commerciali del settore, in rapporto ai materiali utilizzati, alla combinazione dei tessuti, ai disegni e alle forme, ai colori o ad altri elementi caratterizzanti le nuove collezioni rispetto alle serie precedenti.

Deve al contrario ritenersi che le attività finalizzate a semplici adattamenti di una gamma di prodotti esistenti attraverso, ad esempio, l'aggiunta di un singolo prodotto o la modifica, ad esempio, unicamente dei colori proposti o di un elemento di dettaglio, non possano costituire attività ammissibili al Credito d'imposta, in quanto costituenti in via di principio modifiche ordinarie o di *routine*.

Resta altresì inteso che, anche per il settore moda come per tutti gli altri settori produttivi, sono da considerarsi ammissibili le attività di ricerca e sviluppo anche nel caso in cui esse non siano collegate all'ideazione e realizzazione dei nuovi campionari.

Si fa riferimento in particolare alle attività di Ricerca e sviluppo precedenti l'ideazione estetica, quali ad esempio la ricerca finalizzata all'innovazione dei materiali o delle tecniche di lavorazione.

Passiamo quindi a parlare di progetti realizzati e di temi che immaginiamo siano di interesse per molti operatori *retail* e *fashion*.

Un'azienda ci ha commissionato degli studi molto approfonditi di marketing, logistica e *governance* applicabili all'industria dello specifico settore di appartenenza.

Ovviamente, il settore dell'abbigliamento ha caratteristiche diverse rispetto a quello delle calzature o degli accessori o del food.

E bisogna tenere conto anche della fascia di mercato alla quale ci si rivolge: il fast fashion e il luxury hanno dinamiche piuttosto diverse.

Nonostante questo, ci sono dei punti che ritornano sempre e che sono fondamentali per ogni azienda che vende al dettaglio: 1) la conoscenza del cliente per poter arrivare a predirne i comportamenti; 2) il *time to market*, ovvero la velocità di arrivare sul mercato con il prodotto giusto al momento giusto; 3) l'esperienza che vive il consumatore con il *brand*.

Nel caso in esame, l'esigenza aziendale era quella di essere in grado di ricevere, attraverso la predizione delle vendite a partire da condizioni iniziali relative a dati effettivi delle vendite stesse, mappe di rischio basate su diverse ipotesi predittive tenendo conto di alcuni parametri quali fattori esterni, incidenza del mercato, trend dei costumi e costi della logistica.

Quindi, abbiamo dapprima coordinato le risorse interne ed effettuato insieme a loro opportuni e sostanziali approfondimenti con l'intento di analizzare il settore specifico creando vari modelli teorici da applicare.

A seguito di ciò abbiamo preso coscienza del fatto che la crescita dell'azienda dipende fortemente dalla capacità di apportare più rapidamente dei concorrenti le innovazioni più significative.

Quindi, abbiamo cercato di capire quali fossero le innovazioni più urgenti da introdurre, le abbiamo analizzate e con l'aiuto di altre aziende (principalmente software house, system integrator e istituti di statistica) le abbiamo prototipate, realizzate e utilizzate sul campo per analizzarne i benefici.

Analizziamo un po' più nel dettaglio le attività intra muros effettuate. Abbiamo supportato il personale interno all'azienda nello studio dell'applicazione alla logistica di strumenti dell'industria 4.0. La logistica è centrale nelle aziende retail e determina il time to market.

L'incremento dell'efficienza nella funzione logistica ha un impatto positivo sul costo di immagazzinamento e trasporto e quindi anche sul costo finale del prodotto.

La logistica diviene pertanto un settore essenziale nel processo di determinazione del valore aggiunto delle imprese, delle filiere produttive e anche della produzione di prodotto interno lordo a livello globale.

L'ottimizzazione della logistica diviene pertanto sia una determinante aziendale rilevante per ottenere margini di profitto più alti, sia una leva economica in ambito regionale, interregionale, nazionale ed internazionale attraverso il miglioramento delle infrastrutture per l'efficientamento dei trasporti.

Pertanto, lo studio condotto è fondato sulle analisi della letteratura economica-manageriale in grado di definire anche i profili della gestione dei processi per individuare quali sono i modelli organizzativi in grado di mettere insieme gli aspetti tecnologici con gli aspetti relativi all'efficientamento della produzione di valore aggiunto.

Un altro studio è stato condotto relativamente alle vendite. L'attività di vendita richiede diverse conoscenze sia del mercato sia dell' ambito organizzativo e delle analisi dei processi. In tale contesto diviene importante servirsi di modelli di supporto alle decisioni in grado di facilitare le scelte da intraprendere.

Sono state analizzate le tecnologie che si stanno sviluppando nel mondo (sensori, robotica, intelligenza artificiale ecc.) come supporto allo sviluppo e al miglioramento dei sistemi di *decision making*.

In genere, avere tanti dati, di difficile reperibilità o interpretazione, non serve, mentre l'informazione deve essere accessibile e chiara (devono essere chiare le regole di costruzione).

Qui entra in gioco la Business Intelligence (BI) ovvero la capacità di un'organizzazione di capire il proprio business (processi, clienti, risorse, sistemi, contesto competitivo) per intervenire su di esso in modo consapevole, tempestivo, efficiente.

Lo scopo principale di una piattaforma di business intelligence è la trasformazione dei dati aziendali in informazioni in modo da renderle fruibili ai diversi livelli di dettaglio.

In relazione a questo è stata analizzata l'evoluzione dei sistemi di Business Intelligence (BI). Essi non sono più esclusivamente sistemi di controllo e di decisione che utilizzano dati di origine contabile, ma permettono di creare e utilizzare anche indicatori di provenienza extracontabile, sempre più utili e rappresentativi del reale andamento aziendale.

I sistemi più tradizionali di raccolta dati avevano l'obiettivo primario di analizzare il passato o il presente, misurare i risultati aziendali e quindi rilevare l'effetto economico-finanziario di un evento.

Oggi, non si può prescindere dalla necessità di indagare le determinanti delle performance e dei risultati aziendali ottenuti, siano essi positivi o negativi; diventa indispensabile poter ricostruire la "catena causa-effetto" di un fenomeno aziendale.

Un'importante esigenza a cui i nuovi sistemi di BI danno risposta è la necessità di ragionare e operare non solo a consuntivo, ma anche in logica prospettica e quindi passare da sistemi di controllo e di consuntivo a sistemi di pianificazione aziendale, di budgeting e di simulazione.

Le nuove BI sono sistemi rivolti a stimare o a predire il futuro, a simulare e a creare scenari con probabilità di manifestazione differente.

Le nuove piattaforme consentono di accedere a tutti i dati dell'impresa, centralizzati in un solo database o data warehouse, utilizzando diverse tipologie di strumenti software, la cui facilità d'uso e la velocità nell'accesso alle informazioni riduce i tempi dedicati alla ricerca dei dati, fa diminuire i tempi e i costi di apprendimento e stimola gli utenti a essere sempre più autonomi dagli specialisti IT nella ricerca, produzione e analisi dei dati.

Da un punto di vista organizzativo, invece, le BI contribuiscono a "mettere d'accordo" diverse figure aziendali (per esempio controller, direttore marketing, direzione generale ecc.) e a "riconciliare" prospettive aziendali differenti, creando un'unica base dati "certificata" (consolidata e coerente) a cui attingere, e standardizzando i processi di pianificazione, programmazione e controllo aziendale.

Inoltre le nuove piattaforme riescono a integrare anche dati esterni all'azienda. Ad esempio è possibile analizzare i Big Data provenienti dai social network per capire quale è il sentimento dei clienti verso l'azienda, magari in concomitanza del lancio sul mercato di un nuovo prodotto o di una nuova linea.

Uno degli strumenti per realizzare delle attività di controllo dei big data è l'intelligenza artificiale. Questa può anche essere diversa da un robot, tuttavia il risultato è un programma complesso combinato con un elemento di *machine learning*.

Un altro tema strettamente legato all'analisi delle informazioni è la "conoscenza", che secondo molti ricercatori costituisce la fonte più rilevante di vantaggio competitivo per un'azienda.

Da qui, l'importanza di identificare, catturare, organizzare e distribuire conoscenza attraverso sistemi strutturati di Knowledge Management (KM).

In un'azienda fashion retail è fondamentale anche il visual

merchandising, il cui obiettivo consiste nella produzione di una serie di strumenti e di tools visivi in grado di indirizzare il consumatore nei confronti dell'acquisto anche facendo leva sugli aspetti del *consumer behaviour*.

Il visual merchandising si occupa di ottimizzare gli spazi espositivi, dare risalto all'articolo, aumentare la desiderabilità (appeal) del prodotto per vendere di più.

Il visual merchandising è uno strumento di marketing in grado di dare una centralità al negozio come luogo fisico. Il negozio diviene un luogo di incontro tra domanda e offerta.

Il primo elemento del visual merchandising riguarda la dimensione dell'arredamento, la predisposizione dei locali di vendita, la disposizione delle luci, l'ambiente definito anche sotto il punto di vista sonoro e della capacità di movimento del consumatore nell'interno dello store.

Il ruolo del visual merchandising pertanto è un fattore chiave per sbloccare anche i limiti e i blocchi di carattere psicologico dei consumatori.

Lo studio da parte delle risorse intra-muros si è spinto anche all'analisi dell'importanza del capitale umano e ha toccato persino i processi di qualità e i modelli di governance.

Il progetto di ricerca extra-muros ha preso spunto proprio dagli studi appena descritti, fatti internamente all'azienda. Infatti, l'obiettivo dichiarato è stato quello di ricercare e sperimentare l'infrastruttura prototipale su una piattaforma Big Data pilota, per poter attuare operazione di Business Intelligence, di analisi e di predizione.

Il sistema prototipale che è venuto fuori è molto complesso e articolato, fatto di tante componenti tutte egualmente importanti.

- Un nuovo Pos (Point of sale) system diventato il perno abilitante dell'intera infrastruttura. Oggi le aziende retail hanno la necessità di analizzare i dati in *real time*, e quindi hanno bisogno di sistemi che siano in grado di acquisire ed elaborare in tempo reale i dati provenienti da tutti i punti vendita. Alcune aziende hanno migliaia di negozi quindi la mole di dati da collettare è importante.

Prima della prototipazione della nuova piattaforma la direzione vendite e la direzione commerciale avevano a disposizione solo sistemi di analisi dei dati consuntivi. Nel migliore dei casi i dati potevano essere analizzati alcune ore dopo la chiusura dei negozi. Informazioni più "fresche" dovevano essere richieste direttamente al personale di negozio in maniera non strutturata utilizzando canali come l'email, il telefono o app di messaggistica.

Questo scambio di informazioni non veniva tracciato in maniera organica e serviva solo per dare una sensazione di andamento. È stato fatto uno studio prendendo ad esame vari software gestionali di negozio. Poi è stata prototipata la nuova infrastruttura.

Oggi il sistema di cassa invia ogni 15 minuti i dati del venduto al nuovo sistema di Business Intelligence e la direzione può verificare in tempo reale e attraverso delle dashboard molto semplici e intuitive l'andamento di ogni singolo negozio. Sono stati predisposti dei KPI e vengono confrontati con i dati storici per capire immediatamente come sta andando il singolo punto vendita, o l'area geografica o tutta la catena.

La direzione commerciale può avere riscontro immediato di come reagiscono i consumatori alle promozioni o alle altre operazioni di marketing predisposte dall'azienda.

- Una piattaforma di knowledge management basata su una tecnologia open-source (Moodle) customizzata *ad hoc* e riempita di contenuti multimediali interattivi. Inizialmente, questa piattaforma è servita all'azienda per formare tutto il personale di negozio (parliamo di migliaia di addetti) sul nuovo sistema di cassa in maniera snella, user-friendly, evitando l'organizzazione di noiosi e dispendiosi corsi in aula.

Successivamente, la piattaforma diventerà, una volta riempita di contenuti, il sistema di induction aziendale, ovvero il modo attraverso il quale l'azienda formerà tutti i nuovi collaboratori non solo all'utilizzo del sistema POS, ma anche alle tecniche di vendita, alle tecniche di visual merchandising ecc.

- Una piattaforma e-business. Ormai tutti i retailers devono fare i conti con Amazon, con internet e con le nuove abitudini dei consumatori. È diventato obbligatorio e indispensabile essere online, avere una presenza anche di negozio virtuale per poter offrire un servizio completo ai clienti.

È stato fatto uno studio di pre-fattibilità, sono state studiate e messe a confronto varie piattaforme, analizzate le tendenze del mercato di riferimento in Italia e all'estero, sono stati pensati tutti i flussi di integrazione con gli altri sistemi aziendali. In particolare, sono stati analizzati i possibili flussi omnicanale che tanto piacciono ai consumatori e che impattano pesantemente sulla logistica e sui sistemi di negozio.

- Una piattaforma di CRM (Customer Relationship Management) per gestire la relazione con i clienti integrata con il POS system. Oggi è fondamentale, soprattutto in ottica di multi-canalità o omni-canalità, acquisire i dati dei nostri clienti e riconoscere il cliente ogni volta che entra in contatto con l'azienda attraverso uno qualsiasi dei touch points (cassa del negozio diretto, cassa del negozio in franchising, sito istituzionale o e-commerce, totem/tablet in negozio, app del brand, landing pages ecc.).

Quindi è necessario predisporre un repository, un contenitore unico, dei dati dei nostri clienti. Questo database è stato prototipato e integrato con tutti i touch points aziendali, in primis POS system e piattaforma e-commerce. In questo modo possiamo riconoscere lo stesso cliente sia quando acquista in negozio sia quando compra online.

È fondamentale capire a fondo chi è il nostro target e soprattutto se chi acquista nei nostri store (fisici o virtuali) è proprio il target che ci aspettiamo/desiderato. Per questo abbiamo anche predisposto un'indagine di mercato molto dettagliata basata su un ampio campione di clienti, ex clienti e potenziali clienti.

Ne sono venuti fuori spunti molto interessanti che sono stati condivisi con tutti i reparti dell'azienda.

Una volta predisposto il database dei clienti questo viene alimentato ogni volta che un cliente fa un acquisto attraverso uno dei canali a sua disposizione. A questo punto la direzione marketing aziendale potrà analizzare i comportamenti dei clienti, creare dei segmenti sia in base ai dati anagrafici sia in base ai comportamenti di acquisto (ad esempio capire quali sono i clienti alto spendenti, quali i clienti che comprano più spesso, quali non hanno acquistato nell'ultimo periodo).

Questo procedimento è indispensabile per poter pianificare le operazioni di marketing evitando di disperdere il budget marketing in campagne generaliste.

La piattaforma di CRM è anche la base necessaria per poter predisporre un programma fedeltà (loyalty) che possa legare ancora di più i clienti al brand.

- Una nuova piattaforma di Business Intelligence integrata con gli altri sistemi aziendali (in primis POS e ERP) e con sistemi esterni (ad esempio un servizio meteo) per poter analizzare in tempo reale i dati di vendita e soprattutto poter fare un'analisi predittiva delle vendite e dei rischi, grazie all'elaborazione dei dati storici, delle tendenze risultanti dai comportamenti real-time dei consumatori attraverso meccanismi di intelligenza artificiale basati anche sul meteo.

Questa piattaforma che colleziona dati da tanti sistemi, compresi i social network attraverso dei sistemi di big data analysis, è sicuramente il cuore del nuovo DSS (Decision Support System) aziendale, il sistema che aiuta il management a prendere le decisioni migliori.

- Nuovi algoritmi di ottimizzazione dei flussi logistici. Per i *retailers* è importantissimo, soprattutto nei mercati fast fashion e alimentare, dare al cliente ciò che vuole nel momento in cui lo vuole e nel modo che desidera. Se un concorrente riesce a farlo meglio di noi, ci toglierà quote di mercato.

Per poter essere efficaci è necessario da un lato essere bravi nella predizione delle vendite e dall'altro predisporre le operazioni logistiche in modo tale che possano rapidamente supportare il business.

I ricercatori hanno studiato e sviluppato diverse procedure e algoritmi di ottimizzazione per migliorare/velocizzare sia i processi logistici di magazzino sia i trasporti in modo da ridurre al minimo il time to market.

RIEPILOGO DEL CAPITOLO 3:

- SEGRETO n. 1: i progetti di ricerca sono assolutamente applicabili al settore retail/fashion.

- SEGRETO n. 2: l'attività di innovazione legata al campionario può rientrare in un progetto di ricerca e sviluppo.

- SEGRETO n. 3: gli studi relativamente al mercato di riferimento, alle nuove frontiere del visual merchandising, ai modelli di governance eseguiti dal personale interno all'azienda possono avere i requisiti della ricerca industriale.

- SEGRETO n. 4: prototipare un sistema complesso che abbracci i sistemi di cassa e di negozio in generale, la piattaforma e-commerce, il CRM, il programma loyalty, il sistema ERP, la Business Intelligence, i Big Data, è sicuramente sfidante e può rappresentare qualcosa di veramente innovativo.

- SEGRETO n. 5: la logistica rappresenta processi chiave per il fatturato di un retailer. In ogni azienda vanno studiate procedure/algoritmi di ottimizzazione *ad hoc*.

Capitolo 4:
Ricerca e sviluppo nei trasporti

Molte aziende leader nel settore del trasporto di persone con autobus ci hanno contattato per rinnovarsi; per cercare di essere più competitive sia per le brevi che per le lunghe distanze; la concorrenza nel settore dei trasporti ci spinge sempre più verso l'innovazione.

Tra i processi più richiesti in fase di screening ci sono i processi di supporto, quali:

- La pianificazione, l'erogazione e i controlli dei processi relativi alla manutenzione dei mezzi propri, ivi compreso il magazzino (mezzi, pezzi di ricambio) e la gestione dei rifiuti.

- La pianificazione e l'erogazione dei processi di biglietteria (magazzino, ricevimento, stoccaggio, prelievo e distribuzione).

- Le attività ausiliarie, come: manutenzione, e pulizie

straordinarie dei mezzi e gestione sinistri.

L'esigenza dell'azienda presa in esame è quella di gestire le proprie flotte, approcciandosi a nuove tecnologie per acquisire nuove conoscenze da utilizzare.

In tale contesto, si vogliono strutturare conoscenze e capacità esistenti, anche su base scientifica, allo scopo di produrre nuovi processi/servizi legati all'introduzione di sistemi hardware e software che possano offrire un supporto decisionale.

Tra i processi di supporto:
- la pianificazione, l'erogazione e i controlli dei processi relativi alla gestione delle risorse, avvalendosi di adeguati impianti/attrezzature/strumentazioni per l'esecuzione di tali attività;
- la pianificazione e l'erogazione dei processi di biglietteria;
- le attività ausiliarie associate alla business intelligence (BI) e allo strategic marketing.

In tale contesto, si vuole attivare un progetto di ricerca di gestione delle attività associate ai trasporti con integrazione di un motore (engine) di elaborazione dei dati, basato su tecniche innovative di sistemi di supporto alle decisioni (DSS).

Si vuole, dunque, proporre la creazione di nuovi algoritmi efficienti basati su tecniche innovative, al fine di progettare e implementare una piattaforma intelligente connessa a dispositivi di monitoraggio delle flotte.

Il DSS sarà in grado di supportare la formulazione di nuovi processi di gestione del personale e della clientela, mediante una piattaforma gestionale innovativa profilata per il caso di studio specifico.

A partire dalla conoscenza di base delle attuali procedure e dei processi di gestione delle attività dei trasporti, si vuole dunque creare una piattaforma intelligente che possa aumentare lo stock di conoscenza di base mediante la risoluzione di problematiche scientifiche legate alle criticità e alle incertezze degli algoritmi di intelligenza artificiale (data mining) circa l'attendibilità e l'accuratezza dei modelli predittivi, e circa la loro integrazione sistemica in piattaforme gestionali in grado di automatizzare i processi di formulazione di indicatori di efficienza (Key Performance Indicators – KPI).

Per fare ciò occorre:

- generare nuova conoscenza circa nuove metodologie di gestione delle attività dei trasporti basandosi su dati digitalizzati;
- sviluppare un lavoro creativo e sistematico per aumentare lo stock di conoscenza circa le tecniche di data mining utili alla elaborazione dei dati digitalizzati;
- sviluppare un motore (engine) avanzato nel suo genere per il contesto applicativo, orientato allo sviluppo di nuovi algoritmi di intelligenza artificiale basati su flow chart innovativi descrittivi di KPI;
- definire dei livelli di attendibilità dei risultati degli output definendo il grado di incertezza (performance dell'engine prototipale);
- sperimentare e testare una piattaforma che in modo sistemico e, partendo dall'analisi dei processi "as is", possa incrementare la base di conoscenza mediante un "guadagno"

fornito dall' applicazione di processi ingegnerizzati ("to be");

- progettare nuovi processi/servizi derivante dall'applicazione dei risultati della ricerca;

- automatizzare i processi di gestione delle attività dei trasporti, sviluppando un applicativo gestionale innovativo con integrazione del DSS intelligente;

- attivare nuove strategie di marketing;

- trasferire la tecnologia (trasferimento tecnologico) e gli output scientifici alle strutture organizzative in modo da facilitare la messa in esercizio della piattaforma prototipale che si intende realizzare.

Gli obiettivi generali sopra citati nascono quindi da un'esigenza pratica dell'azienda di innovarsi, e sono stati dedotti da un'analisi preliminare dello stato dell'arte scientifico, utili per l'analisi di pre-fattibilità dell'idea progettuale di studio.

Nello specifico, il progetto di ricerca riguarderà la progettazione e lo sviluppo di un sistema di supporto alle decisioni (Decision Support System – DSS) ingegnerizzato e orientato all'ottimizzazione dei servizi di trasporto di persone e dello strategic marketing.

In particolare, il progetto prevede l'implementazione dei moduli progettuali che seguono.

Modulo gestionale

Prevede l'implementazione delle seguenti funzionalità principali:

- pianificazione intelligente di servizio (suggerita dal DSS);
- pianificazione turni (suggeriti dal DSS);
- monitoraggio veicoli (km percorsi, arrivi, partenze, scadenze, altri dati del modulo hardware applicato ai mezzi);
- gestione ritardi o mancati servizi;
- assegnazione veicoli su base di regole suggerite dal DSS (Key Performance Indicators – KPI – autista, regole di associazione);
- mezzi maggiormente sicuri (KPI sicurezza mezzi);
- gestione modulistica delle risorse umane;
- altre funzionalità da definire in fase di analisi dei requisiti.

Modulo utenza

Ticket online: consentirà all'utenza di acquistare online i biglietti (i dati di acquisto saranno immagazzinati in un opportuno database e saranno utilizzati per la profilazione/segmentazione dell'utenza).

Modulo social

Saranno analizzate le recensioni e i post dell'utenza attraverso i social e tecniche di data mining (text mining); tali analisi serviranno per l'attuazione di procedure di strategic marketing e per la business intelligence (BI).

Modulo DSS

Il motore DSS svilupperà diversi algoritmi di intelligenza artificiale e data mining; mediante opportune interfacce grafiche (Graphical User Interfaces – GUIs) sarà possibile elaborare dati e informazioni quali normative, accordi sindacali, tariffe ministeriali, dati di mercato, dati di acquisto biglietti, dati del mezzo, dati social, dati delle corse ecc.

L'elaborazione dei dati fornirà come principali output le KPI di performance dell'azienda, le KPI del personale (stile di guida ed efficienza dell'autista), la profilazione dell'utenza e degli autisti (segmentazione), i suggerimenti di BI e di strategic marketing.

Il motore DSS si interfaccerà mediante opportuni connettori ai diversi database dei moduli sopra citati.

Modulo hardware da applicare ai mezzi di trasporto
Per la tracciabilità e l'acquisizione dei dati dei mezzi si pensa di utilizzare delle interfacce ODB II connesse a microprocessori in grado di leggere dati anche da sensori quali GPS e accelerometri (trasmissione dati wireless in rete 3G/4G).

I dati attinenti a ciascun modulo saranno combinati analizzando opportune regole di associazione che saranno caratteristiche per ciascun caso di studio.

Gli algoritmi che elaboreranno i dati saranno pertanto unici nel loro genere, potendo così, analizzando più variabili contemporaneamente:

- predire lo stato di funzionamento del mezzo;

- predire lo stato di guida dell'autista (KPI autista, stile di guida, affidabilità ecc.);
- ottimizzare la logistica (definizione di percorsi intelligenti);
- ottimizzare le risorse;
- ottimizzare i costi;
- predire il mercato di trasporti;
- effettuare una predictive maintenance basata sull'analisi di diversi fattori;

RIEPILOGO DEL CAPITOLO 4:

- SEGRETO n. 1: fondamentale per le aziende impegnate nel settore dei trasporti è produrre nuovi processi/servizi legati all'introduzione di sistemi hardware e software.

- SEGRETO n. 2: nonché progettare e implementare una piattaforma intelligente connessa a dispositivi di monitoraggio delle flotte (parchi auto sempre maggiori).

- SEGRETO n. 3: ricercare tecniche innovative di sistemi di supporto alle decisioni (DSS), gestione del personale e della clientela.

- SEGRETO n. 4: automatizzare i processi di gestione delle attività dei trasporti, sviluppando un applicativo gestionale innovativo con integrazione del DSS intelligente.

- SEGRETO n. 5: trasferire la tecnologia e gli output scientifici alle strutture organizzative, in modo da facilitare la messa in esercizio della piattaforma prototipale che si intende realizzare.

Capitolo 5:
Ricerca e sviluppo nella produzione

Il contesto industriale nazionale ed internazionale pone le aziende davanti a sfide sempre più competitive; fattori come la ricerca della qualità, il rispetto delle normative (ambientali e/o sociali), il grado di differenziazione e/o personalizzazione dei prodotti e dei servizi offribili sono elementi ormai obbligati delle strategie competitive industriali, da cui non si può prescindere, pena l'esclusione dai mercati.

In questo scenario, le uniche variabili oggigiorno in grado di fornire un quid in più su cui costruire un vantaggio competitivo sono due: la capacità di generare continua innovazione e la velocità con cui realizzarla.

L'innovazione tecnologica e digitale applicata alle imprese industriali e manifatturiere è in grado di abilitare l'interconnessione e la cooperazione delle risorse (impianti, persone, informazioni), sia interne alla fabbrica sia distribuite lungo la catena del valore, al fine di aumentare competitività ed efficienza.

Uno dei pilastri dell'Industria 4.0 sono le tecnologie digitali e l'impatto della loro implementazione nei processi operativi delle aziende industriali.

Le tecnologie spaziano dall'Internet of Things, Big Data e Cloud Computing vicine al mondo dell'Information Technology, a quelle più vicine al mondo Operations come la robotica collaborativa, realtà aumentata e virtuale, stampa 3d.

Sono sei le grandi famiglie di tecnologie digitali innovative, le cosiddette "Smart Technologies", che è necessario padroneggiare per affrontare la rivoluzione in atto e che definiscono l'Industria 4.0.

Il progetto che sottoponiamo è nato da un'accurata analisi dell'impianto attuale di produzione in cui si sono individuate delle esigenze legate all'innovazione di processo e all'ottimizzazione del prodotto.

Tali esigenze hanno molteplici obiettivi quali:
- fornire la possibilità di offrire prodotti con uno standard qualitativo più alto;
- rendere più veloce la produzione realizzando una nuova linea di produzione prototipale che possa generare un'espansione della base di conoscenza circa i processi di lavorazione;
- digitalizzare l'informazione proveniente da punti della linea di produzione ritenuti maggiormente significativi per l'upgrade dell'intero processo di produzione;
- controllare meglio la produzione e lo stato di funzionamento dei macchinari, mediante l'implementazione di una tecnologia hw/sw innovativa;
- ottimizzare la qualità di tutta la linea di produzione migliorando i processi di lavorazione e monitorandoli mediante approcci di analisi sistemici/scientifici;
- visionare con tecnologia spinta il processo di saldatura (attraverso approcci innovativi di image vision);
- predire la manutenzione della linea di produzione mediante l'analisi dei dati di funzionamento e di stato delle diverse

macchine di produzione (predictive maintenance mediante algoritmi di intelligenza artificiale).

A partire dalla conoscenza di base del know-how aziendale, si vuole dunque:

- Implementare nuove facilities di macchinari abilitanti l'espansione della base di conoscenza, mediante la digitalizzazione dell'informazione, associata allo stato di produzione (ingegnerizzazione di macchine di produzione).

- Elaborare i dati mediante algoritmi di intelligenza artificiale (Artificial Intelligence – AI) opportunamente integrati in un sistema informativo in grado di raccogliere i dati macchina/prodotto.

Per cui si vuole creare un sistema di conoscenza innovativo mediante la risoluzione di problematiche scientifiche legate alle criticità e alle incertezze di piattaforme di produzione innovative.

Tali criticità derivano principalmente dall'attendibilità dei risultati degli algoritmi strutturati di intelligenza artificiale, in grado di interconnettersi con le linee di produzione innovative, di predire in modo funzionale la qualità e lo stato di funzionamento, e di fornire delle Key Performance Indicator (KPI) di produzione attendibili.

In tale scenario, si vogliono trovare dunque degli algoritmi innovativi che, opportunamente combinati, strutturati ex novo e riformulati, possano fornire nuovi output in grado di ridurre al minimo l'errore dei risultati orientati a ottimizzare la produzione.

È dunque chiaro che occorre una perfetta sinergia fra realizzazione di componenti meccaniche prototipali, hardware e software di produzione e algoritmi AI, i quali, questi ultimi, devono essere perfettamente interconnessi/sincronizzati con gli eventi di produzione.

Per espandere la base di conoscenza e orientare sin dall'inizio le KPI su valori di più alta efficienza, occorre innovare i processi e ideare nuovi componenti meccanici di produzione.

Tale lavoro mira ad acquisire e utilizzare nuove conoscenze per la messa a punto di procedure di ottimizzazione dei processi aziendali: le proposte attività di ricerca e sviluppo puntano a individuare e congegnare nuovi processi produttivi mediante opportuni componenti impiantistici di automazione, innovativi nella sincronizzazione dei processi di produzione, nella integrabilità delle nuove tecnologie software e hardware, e nella gestione e controllo della produzione.

Da una prima analisi, è stata individuata l'esigenza di studiare e sperimentare metodi e strumenti per:

1. Potenziare/innovare l'attuale tecnologia di produzione (macchinari e opere associate) ritenuta ormai obsoleta sia per quanto riguarda i tempi di produzione, sia per la possibilità di rendere la produzione più flessibile alla realizzazione di nuovi prodotti.

2. Applicare metodologie scientifiche di mappatura e controllo della produzione e della qualità di prodotto.

3. Elaborare i dati delle macchine e dei processi mediante appositi algoritmi di intelligenza artificiale (predizione malfunzionamento e rottura, predictive maintenance, KPI

produzione ecc.).

L'idea progettuale consiste nel realizzare una linea di produzione prototipale che integri anche tecnologie di:
1. Artificial Intelligence per l'analisi dei KPI di produzione e la predictive maintenance.

I KPI sono delle variabili che le aziende usano per misurare, tracciare e analizzare le performance produttive. Questi dati sono solitamente utilizzati per valutare i successi di un'azienda in base agli obiettivi prefissati.

Misurare le performance è, in ogni area aziendale, fondamentale per poter attuare dei processi di miglioramento.

In un'azienda manifatturiera, risulta quindi molto importante riuscire a identificare i KPI (Key Performance Indicators) strategici per valutare l'andamento della produzione dal punto di vista dell'efficienza, del livello di servizio e della qualità dei processi.

La predictive maintenance richiede analisi avanzate dei dati operativi con l'obiettivo di determinare le condizioni degli asset e intervenire dove serve e quando serve.

Richiede analisi direttamente derivanti dalla data science, intesa come ambito multidisciplinare nel quale confluiscono metodologie quantitative, come statistica, data mining, ricerca operativa, machine learning, con l'obiettivo di trasformare i dati in conoscenza.

2. Image Vision – analisi qualitative delle saldature o di determinati punti di controllo con particolare riferimento alla verifica della saldatura.

3. Mappatura dei processi di produzione: saranno redatte mappature "as is", "to be", carte Xm-R, moduli Pdca, grafici 4M.

Le specifiche sopra elencate (facilities) sono necessarie per consentire:
 - di intervenire in tempo reale in caso di anomalie

potenzialmente pericolose che possano causare un fermo produzione, consentendo una più rapida risoluzioni dei problemi (conoscenza rapida del tipo di errore);

- di aggiornare in tempo reale il settaggio macchina (collegamento di rete);
- di controllare lo status di funzionamento di parti della linea di produzione ritenute "essenziali" per la produzione;
- di abbattere i tempi di fermo produzione;
- di gestire da remoto la produzione;
- di velocizzare la produzione;
- di ridurre drasticamente la manutenzione;
- di produrre modelli nuovi prodotti con standard di qualità più elevati.

Il progetto prevede pertanto l'acquisizione di:

- componenti prototipali e opere per lo sviluppo dei prototipi e per il potenziamento dei sistemi di produzione compatibile con l'interconnessione di un engine di intelligenza artificiale.

Nello specifico, per quanto riguarda l'innovazione rispetto a quanto trovato nello stato dell'arte si individuano i seguenti punti:

- Si combineranno le metodologie scientifiche di mappatura dei processi con la realizzazione di componenti meccanici prototipali i quali, integrati in un sistema informativo, forniranno dati per l'elaborazione delle KPI e della predictive maintenance;

- Si combineranno più algoritmi di data mining/intelligenza artificiale correlando diversi attributi (multi-attribute data processing), formulando degli algoritmi combinati;

- Si formuleranno nuovi processi di analisi della qualità mediante l'applicazione di tecniche di image vision basate sulla segmentazione dell'immagine (analisi delle saldature).

RIEPILOGO DEL CAPITOLO 5:

- SEGRETO n. 1: grazie al progetto di ricerca, sarà possibile fornire prodotti con uno standard qualitativo più alto.

- SEGRETO n. 2: fondamentali sono le Key Performance Indicator (KPI) variabili che le aziende usano per misurare, tracciare e analizzare le performance produttive.

- SEGRETO n. 3: il progetto consentirà di apportare delle migliorie ai tempi d'intervento in caso di anomalie.

- SEGRETO n. 4: si potrà velocizzare e gestire da remoto la produzione.

- SEGRETO n. 5: tutta la revisione del processo produttivo abbatterà i tempi di fermo produzione.

Capitolo 6:
Ricerca e sviluppo in ambito medico

La società in questione in un momento di forte espansione ha avuto l'esigenza di innovare i suoi processi; l'azienda che si occupa da diversi anni di assistenza in ambito *health* ha voluto focalizzare l'attività sull'assistenza domiciliare e i servizi di diagnostica.

In tali campi, l'azienda è intenzionata a superare i propri limiti circa l'introduzione di approcci scientifici orientati all'innovazione di processo/servizio, e all'automatismo di processi di assistenza con soluzioni di predictive diagnostic.

In tale contesto, si vuole attivare un progetto di ricerca di telemedicina avanzata con integrazione di un motore (engine) di elaborazione dei dati fisiologici del paziente, basato su tecniche originali di predizione.

Si vuole dunque, mediante l'utilizzo di nuovi approcci e metodologie, e acquisendo e combinando nuove conoscenze anche su fondamenta scientifiche, proporre la creazione di nuovi algoritmi efficienti basati su tecniche innovative, al fine di progettare e implementare un motore di predictive diagnostic integrato a una piattaforma di telemedicina intelligente, connessa a dispositivi medicali profilati per la homecare assistance e a un sistema di supporto alle decisioni (Decision Support System – DSS) avanzato.

Nello specifico, il DSS sarà in grado di fornire degli alerting predittivi circa lo stato di salute del paziente, di gestire in modo efficiente le risorse e la prescrizione digitale del farmaco (facilitazione della compliance terapeutica) mediante una piattaforma gestionale innovativa.

A partire dalla conoscenza di base delle attuali procedure e dei processi di monitoraggio dei pazienti, si vuole dunque creare una piattaforma intelligente che possa aumentare lo stock di conoscenza di base mediante la risoluzione di problematiche scientifiche legate alle criticità e alle incertezze degli algoritmi di intelligenza artificiale (data mining) circa l'attendibilità e l'accuratezza dei modelli predittivi in ambito healtcare, e circa la loro integrazione sistemica in piattaforme gestionali in grado di automatizzare i processi di assistenza.

Il progetto di ricerca riguarderà la progettazione e lo sviluppo di una piattaforma di telemedicina orientata alla gestione delle risorse e al monitoraggio a domicilio dei pazienti con integrazione di un motore di data mining (intelligenza artificiale) in grado di fornire un supporto alle decisioni per quanto concerne l'ottimizzazione delle attività di assistenza.

Nello specifico, il progetto prevede l'implementazione dei seguenti moduli progettuali:

Modulo telemedicina
Tale modulo prevede l'implementazione di dispositivi medicali della rete sperimentale utilizzabili per l'assistente del paziente cronico a domicilio.

Modulo CRM/BPM.

Mediante tale modulo si vuole dunque creare un sistema informativo da abbinare al modulo di telemedicina, che sia in grado di:

- sovrintendere a tutte le attività svolte nella struttura;
- presentare uno standard comunicativo unico per il personale (ad esempio comunicazioni, stati di avanzamento in un processo, alert automatici ecc.);
- mappare i processi mediante un workflow grafico, eliminando eventuali file o moduli cartacei di gestione;
- accentrare tutti i processi e i relativi documenti e messaggi scambiati in un'unica entità in grado di orchestrarli al meglio.

Si modellerà quindi un CRM con funzionalità di Business Process Modelling (BPM) basato sulla gestione di processi configurabili che vengono assegnati ai singoli dipendenti in base alle attività previste, astraendo il concetto di "processo" nella gestione di un "ticket".

Tale modulo è utile per l'ottimizzazione dei piani di BI associati ai pazienti cronici da assistere, per poter effettuare una profilazione ottimale e seguire in tutte le fasi la gestione delle attività associate.

Il CRM/BPM sarà integrato alla piattaforma di monitoraggio della telemedicina e al motore di data mining.

Engine di data mining

Sarà implementato e testato un engine di data mining che leggerà come input i dati del Sistema DB e processerà (data processing) le informazioni dei diversi moduli; le analisi saranno di tipo analytics e predictive (in quest'ultimo caso si implementeranno algoritmi di intelligenza artificiale e in generale di data mining).

Si potranno utilizzare degli engine con creazione di oggetti/widgets connessi mediante workflow o altri applicativi integrabili in piattaforme backend/frontend idonei e che saranno valutati in fase di progettazione.

Gli output dell'engine saranno appunto quelli di sistema. L'engine di data mining costituirà il sistema di supporto alle decisioni e sarà implementato per prevedere lo stato di salute dei pazienti e ottimizzare le attività di assistenza.

Gli input del motore di data mining saranno appunto i dati

provenienti dai sensori e dallo storico dei parametri fisiologici dei pazienti.

Modulo Control Room

Sarà sviluppato lato backend una control room in grado di sorvegliare in tempo reale i dati dei singoli pazienti cronici monitorati mediante quadri sinottici e riportanti i dati dei dispositivi medicali prototipali. Tale modulo integra la funzionalità alerting nel caso di superamento di valori di soglia.

Modulo di interconnessione con farmacisti e medici di base.

Tale modulo consentirà di gestire la ricetta elettronica che potrà essere inviata al farmacista su approvazione del medico di base.

Il farmacista e il medico di base potranno avere un accesso dedicato alla pagina del paziente gestito dal pannello grafico della control room.

Nel contesto applicativo di riferimento la ricerca (A. Massaro, V. Maritati, N. Savino, A. Galiano, D. Convertini, E. De Fonte, M. Di Muro, "A Study of a Health Resources Management Platform

Integrating Neural Networks and DSS Telemedicine for Homecare Assistance", *Information*, vol. 9, n. 176, 2018, pp. 1-20) deve:

- Ideare una tecnologia di telemonitoraggio con sistema di alerting automatico affine all'elaborazione dei dati mediante algoritmi di intelligenza artificiale, in grado di integrare il sistema gestionale dell'azienda.
- Formulare degli algoritmi predittivi sullo stato di salute del paziente, anche su base epidemiologica, utilizzando molteplici dati contenuti in sistemi big data.
- Ottimizzare i percorsi diagnostico-terapeutici.
- Ottimizzare le prestazioni di assistenza fornendo un DSS tipico per ogni forma di assistenza.

Ulteriori possibili interventi di innovazione possono aversi anche in ambito farmacologico.

Sul punto occorre inoltre ricordare il recente supporto interpretativo fornito dalla risoluzione n. 122/E del 10/10/2017 dell'Agenzia delle Entrate la quale, rispondendo alle richieste dei contribuenti, ha fornito utili indicazioni in ordine alla riconducibilità tra le attività di Ricerca e sviluppo, ritenendo pertanto ammissibili al Credito d'imposta le spese relative a:

1) Studi clinici non interventistici (osservazionali), così come definiti, dall'articolo 2.1 della circolare 2 settembre 2002, n. 6, del ministero della Salute, quali studi centrati "su problemi o patologie nel cui ambito i medicinali sono prescritti nel modo consueto conformemente alle condizioni fissate nell'autorizzazione all'immissione in commercio".

2) Studi clinici di fase IV che, ex allegato I-quater della circolare n. 8 del 10 luglio 1997 del ministero della Sanità, rappresentano degli studi cosiddetti postregistrativi, ossia condotti successivamente all'immissione in commercio del farmaco compiuti su ampie casistiche di pazienti, così da poter verificare il valore terapeutico del farmaco in condizioni reali (cosiddetta "real life") e la tollerabilità dello stesso a lungo termine.

Con il provvedimento sopra richiamato, l'Agenzia delle Entrate ha quindi confermato l'ammissibilità al Credito d'imposta in esame delle spese sostenute per gli studi clinici non interventistici (osservazionali) e per gli studi clinici di fase IV.

Ma, limitatamente a quest'ultimo tipo di studio, solo per studi di natura medico-scientifica, potendo essi rientrare nella "ricerca pianificata o indagini critiche miranti ad acquisire nuove conoscenze, da utilizzare per [...] permettere un miglioramento dei prodotti, processi o servizi esistenti", di cui alla lett. b), comma 4 dell'art. 3 del Decreto-legge, o nell'ambito della "acquisizione, combinazione, strutturazione e utilizzo delle conoscenze e capacità esistenti di natura scientifica, tecnologica e commerciale allo scopo di produrre piani, progetti o disegni per prodotti, processi o servizi nuovi, modificati o migliorati", di cui alla successiva lett. c).

RIEPILOGO DEL CAPITOLO 6:

- SEGRETO n. 1: controllo delle risorse e gestione dei dipendenti.

- SEGRETO n. 2: tele-monitoraggio in tempo reale degli assistiti, e avviso di alerting in caso di superamento di valori di soglia dei parametri fisiologici.

- SEGRETO n. 3: Key Performance Indicators (KPI) delle prestazioni e degli assistenti.

- SEGRETO n. 4: i dati di monitoraggio saranno memorizzati in un opportuno database.

- SEGRETO n. 5: mediante intelligenza artificiale, si potrà predire il rischio circa lo stato di salute dell'assistito.

Capitolo 7:
Ricerca e sviluppo nell'agroalimentare

Fondamentale per l'industria agroalimentare è ottimizzare e controllare la qualità e il rendimento delle produzioni alimentari tramite tecnologie e nuove professionalità, tracciare le proprie attività mediante l'utilizzo di approcci e metodologie innovative, acquisendo e combinando nuove conoscenze anche su base scientifica, al fine di ingegnerizzare il processo di lavorazione del prodotto finito.

Il pastificio in esame è stato progettato e realizzato con tecnologie orientate alla qualità e alla sicurezza alimentare.

I volumi di produzione attinenti ad esempio alle linee di produzione dedicate a formati corti e lunghi, trafilati al teflon e al bronzo raggiungono valori di 2.500 quintali di pasta al giorno.

Proprio per l'elevata capacità produttiva, negli ultimi anni, si è rivolta una particolare attenzione al controllo e al monitoraggio di tutta la filiera di produzione al fine di garantire sempre lo standard di sicurezza e di qualità oggi raggiunto.

In tale direzione, si vogliono combinare conoscenze esistenti di tecnologie abilitanti di Industria 4.0 con conoscenze scientifiche, al fine di individuare tecnologie di comunicazione, di macchine/processi, orientate alla produzione della pasta.

Le tecnologie abilitanti di Industria 4.0 sono utili nel processo di trasformazione della produzione industriale proprio per il controllo e il monitoraggio dell'intera filiera.

Per quanto riguarda il controllo della produzione "in linea" della pasta, alcuni studiosi hanno utilizzato le tecniche di imaging per la classificazione della pasta (processo di qualità) in base al rilevamento di difetti quali cracks, crumbles, unevenness in size, stickiness.

Dall'analisi concettuale e di stato dell'arte sopra, e dall'accurata preliminare analisi delle esigenze esposte, discende la

131

specificazione dei contenuti del progetto proposto.

Nello specifico, si focalizzerà l'attenzione sulle potenziali tecnologie IoT e Industria 4.0 applicabili alle attuali macchine di produzione della pasta.

Il progetto di ricerca riguarderà lo studio preliminare delle tecnologie di comunicazione e di sensori applicabili ai processi e ai macchinari della produzione della pasta.

Lo studio si focalizzerà sull'integrazione delle tecnologie abilitanti di Industria 4.0 applicabili all'intera filiera di produzione della pasta, con particolare attenzione rivolta alla produzione di pasta.

La ricerca partirà da una prima mappatura dei processi di produzione utile a comprendere come l'Internet of Things (IoT) e le tecnologie in genere possano fornire un valore aggiunto all'industria della pasta.

Di particolare importanza sarà l'individuazione di potenziali canali di comunicazione e di trasferimento dati attinenti all'upgrade di processo e al monitoraggio dei macchinari.

In tale contesto, si pianificheranno delle simulazioni di processo e si individueranno le metodologie per il monitoraggio della produzione, che sfruttano l'innovazione ricercata nello stato dell'arte.

La ricerca, dunque, può essere rivolta alla tracciabilità delle fasi di produzione e della qualità, utilizzando tecnologie che, opportunamente implementate alla rete di produzione, possano fornire informazioni aggiuntive di produzione.

Il DSS elaborerà quindi tali informazioni e fornirà come output delle indicazioni di come la qualità di prodotto si possa preservare. Tali output saranno generati da algoritmi predittivi opportunamente strutturati e dall'applicazione di tecniche di image vision orientate all'analisi dei difetti di produzione.

RIEPILOGO DEL CAPITOLO 7:

• SEGRETO n. 1: tecnologie orientate alla qualità e alla sicurezza alimentare.

• SEGRETO n. 2: attenzione al controllo e al monitoraggio.

• SEGRETO n. 3: tecnologie di comunicazione, di macchine/processi, orientate alla produzione.

• SEGRETO n. 4: tecnologie abilitanti di Industria 4.0 applicabili all'intera filiera di produzione della pasta.

• SEGRETO n. 5: tracciabilità del cibo in uscita dall'area di produzione.

Capitolo 8:
Ricerca e sviluppo nei servizi

Il progetto in esame ha avuto lo scopo di gestire tramite la Business Intelligence il management simultaneo di un gruppo di aziende.

Il progetto di ricerca riguarderà lo sviluppo di una piattaforma integrata di Business Intelligence (BI) orientata alla gestione automatica e simultanea delle risorse di diverse aziende (gestione punto/multi punto) utilizzando sistemi di supporto alle decisioni (Decision Support System – DSS) con Intelligenza artificiale (Artificial Intelligence – AI).

La difficoltà nella gestione di un gruppo di aziende è facilmente gestibile grazie alle tecnologie abilitanti di Industria 4.0.

Ogni azienda si dovrà dotare di un adeguato controllo di gestione che, se correttamente applicato, garantirà standard elevati di qualità.

Nello specifico, il progetto prevede lo sviluppo di una piattaforma prototipale denominata "Nodo Hub BI" in grado di analizzare, mediante algoritmi avanzati, i dati di cinque strutture campione e un sistema di gestione multi-magazzino.

L'applicazione di approcci di analytics avanzati e di algoritmi di data mining fornirà degli output di BI da intendersi come innovazione di servizi offerti ai "punti" gestiti.

Il progetto prevede lo sviluppo dei seguenti moduli:
- Modulo sw customizzato per la creazione di un cruscotto (dashboard) generale per l'analisi dati delle 5 aziende di testing prototipale collegate al Nodo Hub BI.

  Tale modulo sarà utilizzato per estrarre input di analisi predittiva e di analisi avanzata (predizione di iscritti per geolocalizzazione, clustering di tipologie di servizio, clustering/segmentazione dipendenti, predizione incassi, analisi di potenziali inefficienze di gestione ecc.).

- Modulo per la gestione del magazzino con generazione degli ordini a fornitore in base ai livelli di scorta di sicurezza.

Il modulo dovrà prevedere la possibilità di gestire più ditte e quindi più magazzini. Per ciascun magazzino dovrà essere possibile indicare i livelli di scorta minima per ciascun articolo di magazzino.

Il carico e scarico dovrà essere gestito sia da una postazione "desktop", e quindi un computer fisso, ma anche mediante l'utilizzo di terminali portatili così da poter comunicare al sistema i dati di carico/scarico direttamente dal magazzino.

Il software dovrà generare degli "alert" da inviare al responsabile degli acquisti nel momento in cui viene superato il livello di "sottoscorta".

Il responsabile agli acquisti avrà anche a disposizione una funzionalità di generazione degli ordini a fornitore. Tutti i dati di movimentazione di magazzino suddivisi per sedi o aggregati per tutto il "gruppo" verranno rappresentati attraverso apposito cruscotto di "analisi dati".

Il cruscotto avrà la possibilità di evidenziare le movimentazioni anche per fornitore, tipologia di articolo e per singolo articolo.

Tale modulo sarà utilizzato per estrarre dati utili per predire attività di magazzino e per gestire in modo preventivo e ottimale le scorte basandosi su predizioni di movimentazioni.

Gli output degli algoritmi di intelligenza artificiale forniranno indicazioni utili per la logistica e per l'organizzazione aziendale. I servizi che si potranno offrire riguarderanno workflow di processo di management di magazzino.

La piattaforma che si svilupperà integrerà tutte le specifiche sopra menzionate con l'implementazione di un server fisico centrale. Per lo sviluppo dell'engine di data mining si potranno utilizzare dei tools creazione di oggetti/widgets connessi mediante workflow o altri applicativi quali i framework di deep learning come Keras, TensorFlow, Theano e/o altri.

RIEPILOGO DEL CAPITOLO 8:

- SEGRETO n. 1: utilizzo della BI orientata alla gestione automatica e simultanea delle risorse di diverse aziende.

- SEGRETO n. 2: applicazione di approcci di analytics avanzati e di algoritmi di data mining.

- SEGRETO n. 3: gestione del magazzino con previsione e alert.

- SEGRETO n. 4: movimentazione di magazzino suddivisa per sedi.

- SEGRETO n. 5: customizzazione del sistema.

Conclusione

Abbiamo voluto scrivere questo libro perché siamo convinti che l'unico modo per risollevare le aziende italiane sia quello di fare innovazione. Come abbiamo detto all'inizio del volume, chi non migliora, non cambia e non evolve rischia di soccombere di fronte a start-up leggere e poco costose ma molto innovative.

Non c'è tempo da perdere. Bisogna agire subito. Quale momento migliore per farlo se non ora? Sì, esatto, proprio ora.

Perché oggi, e solo fino a dicembre 2020 c'è la possibilità, come abbiamo visto, di fare progetti di Ricerca e sviluppo a costo zero o quasi.

Non perdere questa grande occasione e non farla perdere ai tuoi amici o clienti imprenditori.

Ogni giorno sentiamo imprenditori lamentarsi del carico fiscale.

Sappiamo bene che ci sono persone che si lamentano a prescindere e persone invece che sono pronte a cogliere le opportunità.

Noi, in questo libro, abbiamo messo a tua disposizione un condensato di anni e anni di esperienze in aziende di vari settori cercando di offrire un'ampia conoscenza critica, scientifica, metodologica e gestionale. Certo non è facile trasmettere l'esperienza ma speriamo di averti dato almeno degli spunti utili.

Abbiamo sviscerato i contenuti delle leggi relative al Credito d'imposta, perché sappiamo che spesso neanche i commercialisti riescono a stare al passo con gli infiniti cambiamenti della normativa.

Ora, puoi andare tu stesso dal tuo commercialista a dirgli che deve aiutarti a fare crescere la tua azienda, sfruttando questa incredibile opportunità di usufruire del Credito di imposta che oggi lo Stato Italiano ci offre per la realizzazione di Progetti di Ricerca e Sviluppo.

Se invece sei un commercialista o un consulente aiuta i tuoi clienti a non perdere questo treno.

Proprio perché siamo appassionati di tecnologia e innovazione, vorremmo dare una mano a tante aziende italiane a rinnovarsi per crescere e uscire dalla crisi.

Siamo fiduciosi che grazie a questo libro e al nostro contributo anche le aziende più riluttanti intraprenderanno progetti nuovi.

Per te abbiamo preparato anche due sorprese. Innanzitutto, abbiamo creato un sito www.innovazionecostozero.it con un'area riservata nella quale potrai trovare i materiali più aggiornati sulla disciplina del Credito d'imposta. Utilizza il codice costozero2019 per accedere.

Ogni volta che ci sarà un documento nuovo, una nuova delibera, una nuova circolare te ne daremo evidenza sia via e-mail che attraverso questa pagina.

Ma non ci siamo fermati qui.

Abbiamo creato anche il gruppo Facebook Innovazione Costo Zero:

https://www.facebook.com/groups/174272400090619/

che aggiorniamo quotidianamente con tutte le novità sul mondo della ricerca e del Credito d'imposta per darti la possibilità di essere rapidamente informato.

Attraverso questi canali puoi contattarci, chiederci un consiglio su un progetto da avviare o uno già avviato, richiedere la nostra consulenza per aiutarti a capire come strutturare al meglio le attività di ricerca.

Siamo arrivati ai saluti finali.

Buona innovazione a costo zero a te e buon Credito d'imposta!

www.ingramcontent.com/pod-product-compliance
Lightning Source LLC
Chambersburg PA
CBHW071558200326
41519CB00021BB/6801